Anpassung eines Dieselbrennverfahrens zur NOx-Speicherkatalysator-Regeneration

D1718861

Anpassung eines Dieselbrennverfahrens zur NOx-Speicherkatalysator-Regeneration

Dissertation
zur Erlangung des akademischen Grades

Doktoringenieur
(Dr.-Ing.)

von Dipl.-Ing. (FH) Thomas Heinrich Otto Kemski

geb. am 18.02.1969 in Heide / Holstein

genehmigt durch die Fakultät für Maschinenbau
der Otto-von-Guericke-Universität Magdeburg

Gutachter:

      Prof. Dr.-Ing. Dr. h. c. Helmut Tschöke
      Prof. Dr.-Ing. Eckehard Specht

Promotionskolloquium am 18.03.2014

Bibliografische Information der Deutschen Nationalbibliothek

Die Deutsche Nationalbibliothek verzeichnet diese Publikation in der Deutschen Nationalbibliografie; detaillierte bibliografische Daten sind im Internet über http://dnb.d-nb.de abrufbar.

1. Aufl. - Göttingen : Cuvillier, 2014

Zugl.: Magdeburg, Univ., Diss., 2014

© CUVILLIER VERLAG, Göttingen 2014

Nonnenstieg 8, 37075 Göttingen

Telefon: 0551-54724-0

Telefax: 0551-54724-21

www.cuvillier.de

1. Auflage, 2014

Gedruckt auf umweltfreundlichem, säurefreiem Papier aus nachhaltiger Forstwirtschaft.

ISBN 978-3-95404-700-0

eISBN 978-3-7369-4700-9

Vorwort

Die vorliegende Arbeit entstand begleitend zu meiner Tätigkeit als Versuchsingenieur in der Dieselmotorenentwicklung der IAV GmbH.

Mein besonderer Dank gilt Herrn Prof. Dr.-Ing. Dr. h. c. Helmut Tschöke, dem ehemaligen geschäftsführenden Leiter des Instituts für mobile Systeme der Universität Magdeburg, für die wissenschaftliche Betreuung dieser Arbeit und die Übernahme des Hauptreferats.

Herrn Prof. Dr.-Ing. Eckehard Specht vom Institut für Strömungsmechanik und Thermodynamik der Universität Magdeburg danke ich für sein Interesse an dieser Arbeit und die Übernahme des Koreferats.

Danken möchte ich weiterhin meinem Abteilungsleiter Herrn Dipl.-Ing. Gerd Höffeler und meinem Teamleiter Herrn Dipl.-Ing. Matthias Eder, die es mir ermöglicht haben diese interessante Arbeit durchzuführen.

Herrn Dr.-Ing. Jochen Maaß gilt ein ganz besonderer Dank für die Durchführung der umfangreichen Messungen an der optisch zugänglichen Strahlkammer und seine fundierten Ratschläge, die nicht nur die Dissertation betrafen.

Schließlich möchte ich noch meinen Kollegen Herrn Dipl.-Ing. Benjamin Felchner und Herrn Dr.-Ing. Sven Pagel für die zahlreichen konstruktiven Diskussionen danken.

Ein besonderer Dank gilt auch meinen Eltern Melitta und Waldemar Kemski, die mich stets in meinem Werdegang unterstützt haben, sowie meinem Bruder Lars, der mir immer mit Rat und Tat zur Seite stand.

Harrislee, im März 2014   Thomas Kemski

Inhaltsverzeichnis

Kurzfassung

Der NO_x-Speicherkatalysator, hier als NSK bezeichnet, ist ein wirkungsvolles Mittel zur Stickoxidabsenkung bei mager betriebenen Verbrennungsmotoren. Die Funktionsweise des NSK erfordert in gewissen Zeitabständen eine Regeneration durch fettes Motorabgas. Der stationäre Betrieb eines Dieselmotors mit Direkteinspritzung unter diesen unterstöchiometrischen Bedingungen stellt eine große Herausforderung dar. Problematisch hierbei sind hohe Rußemissionen, hohe Abgastemperaturen, geringe Laufruhe und mangelnde Teillastfähigkeit.

Im ersten, dem theoretischen Teil dieser Arbeit konnte mittels verbrennungstheoretischer Modellrechnungen gezeigt werden, dass für diesen Regenerationsbetrieb durch eine optimierte Aufteilung der einzuspritzenden Brennstoffmasse ein Verbrennungs- und Gemischbildungsablauf erzielt wird, der die Rußbildung auf ein Minimum beschränkt. Auf Basis dieser Erkenntnis wurde ein Vergleichsprozess mit zweifacher Gleichraumverbrennung definiert, anhand dessen die wesentlichen Prozesseigenschaften abgeleitet werden können. Die Ergebnisse zeigen, dass eine hohe Abgastemperatur unvermeidbar ist. Weiterhin ist der für den Fahrzeugeinsatz sehr wichtige Teillastbetrieb nur durch starke luftseitige Androsselung darstellbar. Im Regenerationsbetrieb mit fettem Motorabgas nimmt die Beimischung von Restgas eine Schlüsselrolle ein: Sie dämpft den Rußbildungsprozess, wirkt hoher Abgastemperatur entgegen und trägt zur Erhöhung der Androsselfähigkeit bei.

Der zweite Teil dieser Arbeit befasst sich mit experimentellen Untersuchungen der Gemischbildung und Entflammung bei geringen Gasdichten und Drücken im Zylinder. Hierzu wurden an einer optisch zugänglichen Strahlkammer Messungen zur Einspritzung in eine Gasatmosphäre mit geringer Dichte durchgeführt. Auf Basis dieser Messwerte wurde ein parallel dazu entwickeltes thermodynamisches Zwei-Phasen-Einspritzstrahlmodell abgeglichen. Dieses Modell lässt sich rechnerisch in die Druckverlaufsanalyse des Versuchsmotors einbinden. Auf diese Weise können physikalische und chemische Effekte während der Zündphase der entscheidenden ersten Verbrennung separat betrachtet werden.

Die Motorversuche zeigen, dass bei starker Androsselung via Drosselklappe insbesondere die zweite Phase des mehrstufigen Entflammungsprozesses maßgeblich die zeitliche Entwicklung der gesamten Zündphase bestimmt. Brennstoffverdampfung und Wandauftrag sind dagegen von untergeordneter Bedeutung. Die wesentlichen Parameter zur Steigerung des sogenannten Androsselungspotentials sind ein hohes Verdichtungsverhältnis, ein Brennstoff mit möglichst hoher Cetanzahl, eine niedrige Drehzahl, sowie eine Restgasrate von ca. 25 Prozent Masse und eine Gastemperatur vor Einlassventil von 70 bis 80 °C.

<u>Schlüsselwörter</u>: NO_x-Speicherkatalysator, Dieselmotor, unterstöchiometrisch, Androsselung, Brennverfahren, Gemischbildung, Brennstoffverdampfung, Entflammung, Restgasrate

Abstract

A NOx-storage-catalyst, known as NSC, is an effective device for reducing nitrogen-oxide emissions from engines running under lean conditions. For its regeneration the operating principle of a NSC requires exhaust gas from the engine, which is burned under rich mixture condition. Steady-state running under rich condition is a great challenge for a diesel combustion system working with direct injection. The difficulties are high soot-emisions, high exhaust-gas temperature, low engine smoothness and low part-load capability.

The first part of this work is a theoretical part. Based on model calculations it is shown, that soot-formation can be reduced on a reasonable minimum value by optimized splitting of injection and subsequently mixture formation and combustion. Based on this fact a new ideal cycle with double constant-volume combustion is defined. With the help of this new ideal cycle many cycle features can be derived. The cycle shows that a high exhaust-gas-temperature is unavoidable. Furthermore, the part-load range, which plays an important role in normal driving operation, needs an enormous throttling of the fresh air. The admixture of residual exhaust gas plays a key role: It mitigates soot-formation, counteracts high exhaust-gas-temperatures and enhances the throttling capability.

The second part of this work is an experimental part, focused on mixture formation and inflammation at low gas-density and gas-pressure in the combustion chamber. Related on this, many investigations on an optical accessible spray-chamber were carried out. Based on these investigations a thermodynamical two-phase spray-model has been developed and adjusted. This model is computationally built into the pressure indication analysis of the experimental engine. This enables a separate observation of physical and chemical effects during the critical first ignition.

Following the engine test, it is known that the inflammation process is dominated by the second stage of the multi-stage ignition process. Fuel evaporation and wall wetting plays only an inferior role.

The essential parameters for enhancing the capability of throttling are a high compression ratio, fuel with high cetane number, low engine speed and a rate of residual gas of approximately 25 percent of mass and a gas-temperature before intake valve of 70 to 80 °C.

<u>Key-words</u>: NOx-storage-catalyst, diesel engine, rich of stoichiometry, throttling, combustion concept, mixture formation, fuel evaporation, inflammation, residual-gas rate

Nomenklatur

Lateinische Formelsymbole

Symbol	Einheit	Bedeutung
a_{res}	m/s	resultierende Schallgeschwindigkeit im Brennstoff-Teilsystem „Rail -Leitung-Injektor"
a_T	-	Taktzahl, Anzahl der Takte je Umdrehung
A_{DL}, $A_{DL,eff}$	m^2	geometrischer bzw. effektiver Strömungsquerschnitt eines Düsenloches
A_i	-	Atomzahlen im Brennstoffmolekül
$A_{OBuchse}$, $A_{OKolben}$, $A_{OZylkopf}$	m^2	brennraumseitige Oberflächen: der Zylinderlaufbuchse, des Kolbens und des Zylinderkopfes
A_S	m^2	Strahlquerschnitt
$A_{S,Gas}$, $A_{S,Liq}$	m^2	Querschnitt im Einspritzstrahl, der durch die gasförmige bzw. flüssige Phase besetzt wird
b_{cp0}, b_{cp1}, b_{cp2}, b_{cp3}, b_{cp4}	$J/(kgK)$, $J/(kgK^2)$, $J/(kgK^3)$, $J/(kgK^4)$	Koeffizienten zur Berechnung von $c^0_{p,Bst}$
b_{k1}, b_{k2}, b_{k3}, b_{k4}, b_{k5}	-	Koeffizienten zur Dampfdruckberechnung der Einzelkomponente „k" des Modellbrennstoffes
b_0, b_1, b_2, b_3, b_4, b_5	-	Koeffizienten zur Dampfdruckberechnung des Modellbrennstoffes (Ein-Fluid-Approximation)
B	kg, mg	Brennstoffmasse, die zur Bildung der Restgasmasse nötig ist
c_0, c_1, c_2	m^2, m^2/s, m^2/s^2	Koeffizienten für approximierte Strahlpenetration
c_{Bst}	$J/(kgK)$	spezifische Wärmekapazität des flüssigen Brennstoffes
$c_{p,Abgas}$	$J/(kgK)$	isobare spezifische Wärmekapazität von Abgas
$c^0_{p,Bst}$	$J/(kgK)$	isobare spezifische Wärmekapazität des Brennstoffdampfes beim Standarddruck p_0
$c^0_{p,i}$, $c^0_{v,i}$	$J/(kgK)$	isobare bzw. isochore spezifische Wärmekapazität der Komponente „i" eines Gasgemisches beim Standarddruck p_0
$c_{p,Luft}$	$J/(kgK)$	isobare spezifische Wärmekapazität von Luft
$C_{O2,HGZavg}$, $C_{O2,SPBV}$	mol/m^3	mittlere Sauerstoffkonzentration in der Hauptgemischzone momentan bzw. zum Zeitpunkt des Brennverlaufs-Schwerpunktes

C_{vDL}	-	Geschwindigkeitsbeiwert für Düsenlochausfluss
d_{DL}	m, μm	geometrischer Düsenlochdurchmesser
$d_{DL,min}$, $d_{DL,max}$	m, μm	minimal bzw. maximal möglicher geometrischer Düsenlochdurchmesser für gegebenen Durchfluss
d_{Tr}	m, μm	Tropfendurchmesser
d_{Tr10}, d_{Tr30}	m, μm	arithmetisch bzw. volumetrisch gemittelter Tropfendurchmesser
E_A	J/kmol	Aktivierungsenergie, allgemein
f, f_{loc}, $\hat{f}$	-	Brennstoff-Umgebungsgas-Verhältnis (Masse) im Einspritzstrahlbereich: Querschnittsmittelwert, lokaler Wert, Wert auf der Strahlachse
$f_{0,hyd}$	Hz	Frequenz der Grundschwingung in der gesamten Einspritzleitung der Länge $l_{hyd1} + l_{hyd2}$
f_{VLiq}	-	Volumenverteilungsfunktion eines Tropfenkollektivs
$\Delta^R G^0_m$	J/(kmol K)	freie molare Standard-Reaktionsenthalpie
H	m	maximaler Kolbenhub
h_{AmbGas}	J/kg	relative, spezifische Enthalpie des Umgebungsgases des Einspritzstrahls
h_B	J/kg	absolute Brennstoffenthalpie
$h_{Bst,0}$	J/kg	relative, spezifische Enthalpie des flüssigen Brennstoffs bei der Temperatur $T_{Bst,0}$
$h_{Bst,Gas}$, $h_{Bst,Gas,0}$	J/kg	relative, spezifische Enthalpie des gasförmigen Brennstoffs bei beliebiger Temperatur bzw. bei der Temperatur T_0
$h_{Bst,Gas,2}$	J/kg	relative, spezifische Enthalpie des gasförmigen Brennstoffs in der Mischungszone
$h_{Bst,Liq}$	J/kg	relative, spezifische Enthalpie des flüssigen Brennstoffs, abgestimmt auf die Enthalpie der Gasphase
$h^*_{Bst,Liq}$	J/kg	relative, spezifische Enthalpie des flüssigen Brennstoffs
$h_{Bst,Liq,0}$	J/kg	spezifische Enthalpie des flüssigen Brennstoffs bei der Temperatur T_0

$h_{Bst,Liq,1}$	J/kg	relative, spezifische Enthalpie des flüssigen Brennstoffs bei der Temperatur vor dem Düsenloch
$h_{Bst,Liq,abs}$	J/kg	absolute, spezifische Enthalpie des flüssigen Brennstoffs
$\Delta^f h^0_{298,Bst}$	J/kg	spezifische Bildungsenthalpie des flüssigen Brennstoffes bei 298.15 K
h_{GE}	J/kg	absolute spezifische Enthalpie eines Gemischelementes
$h_{i,GE}$	J/kg	absolute spezifische Enthalpie einer Komponente „i" im Gemischelement
$h_{stoech,\,VG1}$	J/kg	absolute spezifische Enthalpie von stöchiometrischen Verbrennungsgas mit λ gleich 1 bei der Temperatur T_{VG1}
$h_{VG,\,loc}$	J/kg	absolute spezifische Enthalpie von Verbrennungsgas im lokalen Zustand
h_{VG1}, h_{VG2}	J/kg	absolute spezifische Enthalpie von Verbrennungsgas im Ausgangszustand 1 bzw. im Zielzustand 2
$h_{4'}$, h_5, $h_{5'}$	J/kg	absolute spezifische Enthalpie des Gasgemisches in den Zuständen 4', 5 und 5'
h_{Zyl}	J/kg	relative spezifische Enthalpie des Zylinderinhaltes
H	m, mm	maximaler Kolbenhub
H_u	J/kg, MJ/kg	Heizwert
l_{Qhyd}	m	Einspritzmengen-Index
I_{Piezo}	A	elektrischer Strom zum Laden / Entladen des Piezo-Stack am Injektor
k_{mBhyd}	-	Korrekturfaktor zur Bestimmung der mittleren Einspritzrate
k_{SV1}	m/s	Steigung der Regressionsgeraden des Injektor-Schließverzugsmodells
K_C	-	Umrechnungsfaktor für Spezieskonzentration im Gemischvolumen
$K_{Düse}$	-	Düsenkonstante zur Winkelanpassung an die Messwerte aus dem Strahlkammerversuch
K_{NV}	$kg^{(2/3)}/s$	Nachverdampfungskonstante
K_p, $\bar{K}_p$	-, $Pa^{0.5}$	Gleichgewichtskonstante, dimensionslos, dimensionsbehaftet
K_{Tr3010}	-	Proportionalitätskonstante für Tropfendurchmesser

l_{hyd1}, l_{hyd2}	m	Längen im hydraulischen System: Vom Brennstoff-Rail zur Druckmessstelle, von der Druckmessstelle zum Sackloch in der Düse
l_{min}	kg/kg	massenspezifischer Mindestluftbedarf
L	kg, mg	Luftmasse, die zur Bildung der Restgasmasse nötig ist
m_{AGR}, $m_{AGR,Nd}$	kg, mg	gesamte, niederdruckseitige Abgas-Rückführ-Masse
$m_{AÖ}$	kg, mg	Gasmasse im Zylinder zum Zeitpunkt Auslass öffnet
$\dot{m}_{ASG}$	kg/s mg/s	über die Auslass-Systemgrenze strömender Abgasmassenstrom
m_B	kg, g, mg	vorbrannte Brennstoffmasse
m_{Bhyd}	kg, mg	Brennstoffmasse der aktuellen Einspritzung je Arbeitsspiel
$\dot{m}_{Bhyd}$	kg/s mg/s	mittlerer, hydraulischer Brennstoffmassenstrom der aktuell betrachteten Einspritzung
$m_{Bhyd,i}$	kg, mg	Brennstoffmasse einer beliebigen Einspritzung „i"
$m_{Bhyd,total}$	kg, mg	Brennstoffmasse aller Einspritzungen je Arbeitsspiel
$\dot{m}_{Bhyd,i}$	kg/s mg/s	mittlerer, hydraulischer Brennstoffmassenstrom, einer beliebigen Einspritzung „i"
$\dot{m}_{Blowby}$	kg/s mg/s	Blowby-Massenstrom
$m_{BMSG,i}$	kg, mg	Masse der i-ten Einspritzung, Größe innerhalb des Motorsteuergerätes
m_{Bst}	kg, g, mg	Brennstoffmasse allgemein
$m_{BstVerd}$	kg, g, mg	verdampfte Brennstoffmasse
$\dfrac{dm_{Bst}}{d\alpha}$	kg/°KW mg/°KW	kurbelwinkelbezogene Brennstoff-Einspritzrate
$\dfrac{dm_{BstVerd}}{d\alpha}$	kg/°KW mg/°KW	kurbelwinkelbezogene Brennstoff-Verdampfungsrate
$\dot{m}_{BstVerd}$	kg/s mg/s	Brennstoff-Verdampfungsrate
$\dot{m}_{BstVerd,Tr}$	kg/s mg/s	Brennstoff-Verdampfungsrate eines einzelnen Brennstofftropfen
m_{B12}	kg, mg	Brennstoffmasse die von einem Zustand 1 zu einem Zustand 2 führt, allgemein

m_{B3}, $m_{B3'}$, $m_{B3''}$, m_{B4}	kg, mg	Brennstoffmasse die jeweils bis zu den Punkten 3, 3', 3'' und 4 im erweiterten Gleichraumprozess verbrannt ist
m_{FG}	kg, mg	Frischgasmasse
m_{GE}	kg, mg	Masse des Gemischelement
m_i	kg, mg	Masse der Komponente „i" im Gasgemisch
m_{Luft}	kg, mg	Luftmasse, allgemein; angesaugte Frischluftmasse
m_O	kg, mg	Sauerstoffmasse, allgemein
$\dot{m}_{Ox,Ruß}$	$g/(cm^2 s)$	modellbasierte Rußoxidationsrate
m_{RG}, $m_{RG,intern}$	kg, mg	Restgasmasse gesamt bzw. intern
$m_{Ruß}$	kg, mg	je Arbeitsspiel emittierte Rußmasse
$m_{S,Bst}$, $m_{S,BstVerd}$	kg, mg	eingespritzte bzw. verdampfte Brennstoffmasse je Einspritzstrahl
$\dot{m}_{S,AmbGas}$	kg/s mg/s	Massenstrom des Umgebungsgases je Einspritzstrahl
$\dot{m}_{S,Bst}$, $\dot{m}_{S,Bst,Gas}$	kg/s mg/s	Brennstoffmassenstrom je Einspritzstrahl, gesamt bzw. gasförmig
$\dot{m}_{S,BstVerd}$	kg/s mg/s	Brennstoff -Verdampfungsrate je Düsenloch bzw. Einspritzstrahl
$\dot{m}_{S,Liq}$, $\dfrac{dm_{S,Liq}}{dt}$	kg/s mg/s	Massenstrom der flüssigen Phase im Strahlbereich je Düsenloch bzw. Einspritzstrahl
$\dfrac{dm_{S,LiqVerd}}{dt}$	kg/s mg/s	Änderungsrate der flüssigen Phase im Strahlbereich je Düsenloch bzw. Einspritzstrahl durch Verdampfung
$m_{S,Liq,tQhyd}$	kg, mg	Masse der flüssigen Phase bei Einspritzende je Einspritzstrahl
$m_{ueL,VG1}$	kg, mg	Masse der überschüssigen Luft im Verbrennungsgas VG1
m_{VG1}, m_{VG2}	kg, mg	Masse von Verbrennungsgas im Ausgangszustand 1 bzw. im Zielzustand 2
m_1, m_2, m_3, $m_{3'}$, $m_{3''}$, m_4, $m_{4'}$, m_5, $m_{5'}$	kg	Masse des Gasgemisches in den jeweiligen Zuständen 1, 2, 3, 3', 3'', 4, 4', 5 und 5'
M, M_0	kg/kmol	Molmasse eines Gasgemisches allgemein bzw. speziell beim Bezugszustand (T_0, p_0)
M_{Bst}	kg/kmol	Molmasse des Brennstoffes
M_{GE}	kg/kmol	Molmasse eines Gemischelementes
n	min^{-1}, s^{-1}	Motordrehzahl, Kurbelwellendrehzahl

n_{DL}	-	Anzahl der Düsenlöcher
N_{Tr}	-	Tropfenanzahl, allgemein und für Nachverdampfung je Strahlbereich
o_{min}	kg/kg	massenspezifischer Mindestsauerstoffbedarf
$O_{2,min}$	kmol/kmol	stoffmengenspezifischer Mindestsauerstoffbedarf
p	bar, Pa	Gesamtdruck, allgemein
p_{amb}	bar, Pa	atmosphärischer Umgebungsluftdruck
p_{AmbGas}	bar, Pa	Druck des Umgebungsgases des Strahlbereiches
$p_{AÖ}$	bar, Pa	Gasdruck im Zylinder bei Auslass-Öffnet
p_{Bst}	bar, Pa	Druck im Brennstoff allgemein
$p_{Bst,0}$	bar, Pa	Druck im Brennstoff vor dem Düsenloch
$p_{Bst,Vap}$	bar, Pa	Dampfdruck des Brennstoffes
$p_{c,BSt}$	bar, Pa	Kritischer Druck des Modellbrennstoffs
Δp_{DL}	bar, Pa	Druckdifferenz über das Düsenloch
p_{Eltg}	bar, Pa	Druck in der Einspritzleitung
$p_{Einlass}$	bar, Pa	Gasdruck im Einlassbehälter, Sammelbehälter vor den Einlassventilen
p_{GE}	bar, Pa	Druck im Gemischelement
p_i	bar, Pa	Partialdruck der Komponenten „i"
p_{mi}	bar, Pa	indizierter Mitteldruck
$p_{mi, HDP}, p_{mv, HDP}$	bar, Pa	indizierter Mitteldruck des Hochdruckprozess am realen bzw. vollkommenen Motor
p_{ref}	bar, Pa	Referenzdruck für Rußoxidationsmodell nach „Boulouchous, Eberle, Schubiger"
p_{Rail}	bar, Pa	Druck im Brennstoff-Rail des Common-Rail Systems
$p_{Vap,k}$	bar, Pa	Dampfdruck der Modellbrennstoffkomponente k
p_{VG}, p_{VG1}, p_{VG2}	bar, Pa	Gasdruck im Verbrennungsgas, Randbedingung für Modellrechnungen
p_{Zyl}	bar, Pa	Gasdruck im Zylinder
p_{ZylHEm}	bar, Pa	mittlerer Gasdruck im Zylinder während des Haupteinspritzintervalls
p_0	mbar, bar, Pa	Bezugsdruck, thermochemisch, p_0 =1000 mbar

$p_1, p_2, p_3, p_{3'}, p_{3''},$ p_4, p_5, p_6	bar, Pa	Druck des Gasgemisches beim Arbeitsprozess im erweiterten Gleichraumprozess in den jeweiligen Zuständen 1, 2, 3, 3', 3'', 4, 5 und 6
p_{1V}, p_{2V}	bar, Pa	Druck vor (1V) bzw. nach Verdichter (2V)
q	-	Formparameter für Rosin-Ramler-Funktion
Q_B	J	integraler Brennverlauf
$Q_{B,max}$	J	maximaler Wert des integralen Brennverlauf
$Q_B'(\alpha), \dfrac{dQ_B}{d\alpha}$ $\dot{Q}_B(t), \dfrac{dQ_B}{dt}$	J/°KW J/s, MJ/s	auf den Kurbelwinkel bzw. auf die Zeit bezogener Brennverlauf
$Q_{B,max}', \left(\dfrac{dQ_B}{d\alpha}\right)_{max}$ $\dot{Q}_{B,max}, \left(\dfrac{dQ_B}{dt}\right)_{max}$	J/°KW J/s, MJ/s	maximale auf den Kurbelwinkel bzw. die Zeit bezogene Brennstoff-Umsatzrate
Q_{GE}	J	ausgetauschte Wärmemenge des Gemischelements mit seiner Umgebung
Q_{Hyd}	cm^3/min	Durchfluss-Nennwert der Düse bei einer Druckdifferenz von 100 bar
$\dot{Q}_{Verbr}$	J	Wärmestrom der durch die Verbrennung je Zylinder entsteht
Q_W	J	integraler Wandwärmeverlauf
$Q_W'(\alpha), \dfrac{dQ_W}{d\alpha}$ $\dot{Q}_W(t), \dfrac{dQ_W}{dt}$	J/°KW J/s	auf den Kurbelwinkel bzw. auf die Zeit bezogener Wandwärmeverlauf
$r_{pHpC}, r_{pOpC}, r_{pNpC}$	-	Verhältnisse der Partialdrucksummen verschiedener Gaskomponenten: wasserstoffhaltige zu kohlenstoffhaltige, sauerstoffhaltige zu kohlenstoffhaltige, stickstoffhaltige zu kohlenstoffhaltige
$r_{S,max}$	mm, m	maximaler Radius des Einspritzstrahles
$r_{0,Bst}$	J/kg	Verdampfungsenthalpie des Brennstoffes bei T_0

$r_{0,k}$	J/kg	Verdampfungsenthalpie der Komponente k für den Modellbrennstoff bei T_0
R	-, J/(kgK)	Korrelationskoeffizient einer Regression, allgemein; individuelle Gaskonstante eines idealen Gasgemisches
R_0	J/(kgK)	individuelle Gaskonstante eines idealen Gasgemisches beim Bezugszustand (T_0, p_0)
R_i	J/(kgK)	individuelle Gaskonstante der Komponente „i" eines Gasgemisches
R_m	J/(kmol K)	molare Gaskonstante
$s^{id}(T,p)$	J/(kgK)	massenspezifische Entropie eines idealen Gasgemisch in Abhängigkeit von Temperatur und Druck
$s^{id}(T,v)$	J/(kgK)	massenspezifische Entropie eines idealen Gasgemisch in Abhängigkeit von Temperatur und spezifischem Volumen
$s^0_i(T)$	J/(kgK)	massenspezifische Entropie der idealen Gaskomponente „i" in einem Gasgemisch beim Standarddruck p_0
$s^{v0}_i(T)$	J/(kgK)	massenspezifische Entropie der idealen Gaskomponente „i" in einem Gasgemisch beim spezifischen Standardvolumen v_0
$\Delta^M s$	J/(kgK)	spezifische Mischungsentropie
$S^{id}(T,p)$	J/K	Entropie eines idealen Gasgemisches in Abhängigkeit von Temperatur und Druck
$S^{id}(T,v)$	J/K	Entropie eines idealen Gasgemisches in Abhängigkeit von Temperatur und spezifischem Volumen
SMD	m, μm	Sauterdurchmesser
t	s, ms, μs	Zeit allgemein
$\Delta t_{\alpha,Spray,stat}$	s, ms, μs	Zeitspanne nach Einspritzbeginn bis zum Erreichen des stationären Strahlwinkels
Δt_{ET0}	s, ms, μs	Zeitspanne der elektrischen Energieaufschaltung die gerade nicht zum Öffnen des Injektors führt
Δt_{ET}	s, ms, μs	Ansteuerdauer, Zeitspanne vom Bestromungsbeginn bis zum Entstromungsende des Piezo-Stacks des Injektors, Messwert

$\Delta t_{ET,EDC}$	s, ms, µs	wie Δt_{ET}, jedoch von der Motorsteuerung aufbereiteter Wert
$\Delta t_{Inj,total}$	s, ms, µs	Zeitspanne der gesamten Einspritzereignisdauer
t_{hyd1}, t_{hyd2}	s	Wellenlaufzeit über die Distanz der hydraulischen Länge l_{hyd1} bzw. l_{hyd2}
t_{NV}	s, ms, µs	Nachverdampfungszeit
Δt_{OeV}	s, ms, µs	Zeitspanne für den Öffnungsverzug des Injektors
Δt_{Qhyd}	s, ms, µs	Zeitspanne der hydraulischen Einspritzung, d.h. Öffnungsspanne der Düsennadel
$\Delta t_{Qhyd,\,i}$	s, ms, µs	Zeitspanne der hydraulischen Einspritzung, d.h. Öffnungsspanne der Düsennadel für die i-te Einspritzung
t_{Qhyd}	s, ms, µs	Zeitmarke des hydraulischen Einspritzende
t_S, t_{SP}	s	Zeit seit Beginn der Strahlpenetration bzw. seit Beginn der schnellen Strahlpenetration
Δt_{SP0}	s, ms, µs	Zeitspanne zwischen Einspritzbeginn und Beginn der schnellen Strahlpenetration
Δt_{SV}	s, ms, µs	Zeitspanne für den Schließverzug des Injektors
$\Delta t_{SV,min}$	s, ms, µs	minimal wirksame Zeitspanne für den Schließverzug des Injektors
t_{ZV}	s, ms	Zündverzugszeit
$t_{ZV,chem}$, $t_{ZV,GE}$	s, ms	Zündverzugszeit, chemisch bzw. chemisch, im Gemischelement
$T_{AÖ}$	K	Gastemperatur im Zylinder bei Auslass-Öffnet
$T_{Bst,0}$	K	Temperatur des Brennstoff an der Düsenmündung
T_{Buchse}	K	mittlere Temperatur der Zylinderlaufbuchse
$T_{c,Bst}$	K	Kritische Temperatur der Modellbrennstoff
$T_{c,k}$	K	Kritische Temperatur der Modellbrennstoffkomponente k
T_{GasEB}	K	Gastemperatur vor Einlassventil
T_{GE}	K	Temperatur im Gemischelement

$T_{GE,Start}$	K	Temperatur im Gemischelement zu Beginn des Entflammungsprozess
T_{GSK}	K	Temperatur des Gases in der Strahlkammer
T_{Kolben}	K	mittlere Temperatur des Kolbenbodens
T_{loc}	K	lokale Temperatur in einer Reaktionszone, allgemein
T_{LWOT}	K	Temperatur beim Bezugsvolumen V_{LWOT}
$T_{r,Bst}$	-	relative kritische Temperatur der Modellbrennstoff
$T_{r,k}$	-	relative kritische Temperatur der Modellbrennstoffkomponente k
T_ε	K	Gastemperatur im Einspritzstrahl
T_{VG1}, T_{VG2}	K	Temperatur von Verbrennungsgas im Ausgangszustand 1 bzw. im Zielzustand 2
T_{Zyl}	K	Gastemperatur im Zylinder
T_{ZylHEm}	K	mittlere Gastemperatur im Zylinder während des Haupteinspritzintervalls
$T_{ZylKopf}$	K	mittlere Wandtemperatur der brennraumseitigen Zylinderkopffläche
$T_{Zyl,poly}$	K	Gastemperatur im Zylinder aus Polytropen berechnet
T_0	K	Bezugstemperatur des Brennstoff-Heizwertes, thermochemische Bezugstemperatur, $T_0 = 298.15$ K
$T_1, T_2, T_3, T_{3'}, T_{3''},$ T_4, T_5	K	Gastemperatur in den jeweiligen Zuständen 1, 2, 3, 3', 3'', 4 und 5
T_{1V}	K	Gastemperatur am Verdichtereintritt
u_{GE}	J/kg	absolute spezifische innere Energie eines Gemischelementes
$u_1, u_2, u_3, u_{3'}, u_{3''},$ $u_4, u_{4'}, u_5, u_{5'}$	J/kg	absolute spezifische innere Energie des Gasgemisches in den jeweiligen Zuständen 1, 2, 3, 3', 3'', 4, 4', 5 und 5'
ΔU_{ASG}	J	Differenz der inneren Energien innerhalb der Auslass-Systemgrenzen, für einen Auslassvorgang
U_{GE}	J	Absolute innere Energie im Gemischelement
U_{Zyl}	J	relative innere Energie des Zylinderinhaltes

v	m^3/kg	spezifisches Volumen eines Gasgemisches
$v_{Bst,0}$	m/s	Brennstoffgeschwindigkeit, Austritt am Düsenloch
$v_{Bst,Gas,2}$	m/s	Brennstoffgeschwindigkeit in der Mischungszone
v_{FZG}	km/h	Fahrzeuggeschwindigkeit
v_{GE}	m^3/kg	spezifisches Volumen eines Gemischelementes
v_S	m/s	Fluidgeschwindigkeit im Strahlbereich bzw. Geschwindigkeit der Strahlspitze
v_0	m^3/kg	spezifisches Volumen des Gasgemisches im Zylinder beim Bezugszustand (T_0, p_0)
$v_1, v_2, v_3, v_{3'}, v_{3''},$ $v_4, v_{4'}, v_5, v_{5'}$	m^3/kg	spezifisches Volumen des Gasgemisches in den jeweiligen Zuständen 1, 2, 3, 3', 3'', 4, 4', 5 und 5'
$V_{A\ddot{O}}$	m^3, cm^3	Zylindervolumen bei Auslass-Öffnet
V_{Bhyd}	m^3, cm^3	Brennstoffvolumen der aktuellen Einspritzung je Arbeitsspiel
V_{GE}	m^3, cm^3	Gemischelementvolumen
V_h	m^3, cm^3	Hubvolumen
$V_{3'h}$	m^3, cm^3	Hubvolumen zu Beginn der zweiten Verbrennung
V_{LWOT}	m^3, cm^3	Zylinder-Bezugsvolumen nahe Ladungswechsel OT zur Bestimmung der internen Restgasmasse
V_{SMix}	m^3, cm^3	Gemischvolumen unterhalb der Strahlspitze
$V_{Zyl}, V_{Zyl,rel}$	$m^3, cm^3, -$	Zylindervolumen, absolut bzw. relativ
W_{ASG}	J	an der Auslass-Systemgrenze vom Kolben verrichtete Arbeit, für einen Auslassvorgang
x	m, mm	beliebige Position auf der Einspritzstrahl-Achse,
$x_{3'}$	m, mm	Kolbenweg bei Beginn der zweiten Gleichraumverbrennung
x_i	$-$	Stoffmengenanteil der Komponente „i" in einem Gasgemisch
x_k, x'_k, x''_k	$-$	Stoffmengenanteil der Modellbrennstoff-Komponente k gesamt, in der flüssigen und in der gasförmigen Phase

Symbol	Einheit	Beschreibung
$x_{S,Bst,Gas}$	-	Stoffmengenanteil des gasförmigen Brennstoffs in der Gasphase des Strahlbereichs
x_{Spray}	m, mm	aktuelle Penetrationslänge der Strahlspitze
x_{Spray2}	m, mm	aktuelle Penetrationslänge des hinteren Ende der Hauptgemischzone
$x_{Spray,aprx}$	m, mm	approximierte Penetrationslänge der Strahlspitze
$x_{Liq}, x_{Liq,max}$	m, mm	aktuelle bzw. maximale Penetrationslänge der flüssigen Phase im Strahlbereich,
x_{NOx}	-	NO_x -Stoffmengenanteil im Abgas
$x_{O2}^{AGR}, x_{O2}^{EB},$ $x_{O2}^{Luft}, x_{O2}^{nV}$	-	Sauerstoff-Stoffmengenanteile: Im rück geführten Abgas, vor Einlassventil, der angesaugten Frischluft sowie nach Verdichter
$x_{WSprayax}$	m, mm	momentaner Abstand der Brennraumwand vom Düsenloch entlang der Strahlachse
$Y_{AGR}, Y_{AGR,Nd}$	-	Abgasrückführrate, gesamt extern bzw. niederdruckseitig
$Y_{Bst}^{RG}, Y_{Luft}^{RG}$	-	Brennstoff- bzw. Luftmassenanteil, der in der Restgasmasse enthalten ist
Y_C^{Bst}, Y_H^{Bst}	-	Kohlenstoff- bzw. Wasserstoffmassenanteil des Brennstoffs
Y_i	-	Massenanteil der Komponente „i" in einem Gasgemisch
Y'_k	-	Massenanteil der Modellbrennstoff-Komponente k an der flüssigen Phase
Y_{CO}^{FG}	-	Kohlenmonoxidmassenanteil im Frischgas
$Y_O^{Bst}, Y_O^{FG}, Y_O^{Luft}$	-	Sauerstoffmassenanteile: Des Brennstoffs, des Frischgases und der Luft
Y_{RG}	-	Restgasmassenanteil, d.h. Restgasrate im Zylinder
Y_S^{Bst}	-	Schwefelmassenanteil des Brennstoffs
$Y_{S,AmbGas}$ $Y_{S,Bst,Gas}$	-	Massenanteil des Umgebungsgases bzw. des gasförmigen Brennstoffs an der Gasphase des Strahlbereichs
Z		Mischungsbruch ganz allgemein

Z_S, $\hat{Z}_S$	-	Mischungsbruch im Strahlbereich, Querschnittsmittelwert bzw. Wert auf der Strahlachse
$Z_{S,Gas}$	-	Mischungsbruch des gasförmigen Brennstoff im Strahlbereich, Querschnittsmittelwert
$Z_{S,Gas,avg}$	-	mittlerer Mischungsbruch des gasförmigen Brennstoff im Strahlbereich der Hauptgemischzone
$Z_{S,Liq}$	-	Mischungsbruch des flüssigen Brennstoff im Strahlbereich, Querschnittsmittelwert
$Z_{S,loc}$	-	lokaler Mischungsbruch an einer beliebigen Position im Strahlbereich
$Z_{S,TP}$	-	Mischungsbruch im Strahlbereich, der die Taupunkttemperatur des Brennstoffs erzielt
$Z_{S,Verd}$	-	Mischungsbruch im Strahlbereich, der die Verdampfungsrate im Zweiphasengebiet bestimmt

Griechische Formelsymbole

Symbol	Einheit	Bedeutung
α_{BB}, α_{BE}	°KW	Kurbelwinkelposition des aktuell betrachteten Brennbeginn bzw. Brennende
α_{EB}	°KW	Kurbelwinkelposition des aktuell betrachteten Einspritzbeginn
α_{EBHE}, α_{EBNE1}, α_{EBNE2}	°KW	Kurbelwinkelposition des Einspritzbeginn der Haupteinspritzung, der 1. bzw. 2. Nacheinspritzung
α_{KW}	°KW	Winkelstellung der Motorkurbelwelle
α_{SPBV}, α_{SPVerd}	°KW	Kurbelwinkel des Schwerpunktes des Brennverlaufs bzw. Verdampfungsverlaufes
α_{Spray}	°	Spraywinkel, Winkel der Strahlkeule von Flanke zu Flanke
$\alpha_{Spray,Mess}$	°	Messwert des Spraywinkel aus Strahlkammerversuch, Flanke zu Flanke
α_{Spray1}	°	Rohwert des Spraywinkel, nach Gl. 5.4-8, Düsenkonstante gleich eins gesetzt, Flanke zu Flanke

α_{TE}	°KW	Kurbelwinkelposition der aktuell betrachteten thermischen Entflammung
α_{WW}	$W/(m^2K)$	Wärmeübergangskoeffizient nach Woschni
α_{VerdB}	°KW	Kurbelwinkelposition beim Verdampfungsbeginn
β	-	Aufteilungsparameter für Brennstoffmasse im erweiterten Gleichraumprozess
Γ	-	Gammafunktion
ε	-	Verdichtungsverhältnis, geometrisch
$\varepsilon_{Gas}, \varepsilon_{Liq}$	-	Querschnittsanteil, allgemein, der durch die Gasphase bzw. flüssige Phase bei einer Zweiphasenströmung belegt wird
$\varepsilon_{S,Gas}, \varepsilon_{S,Liq}$	-	Querschnittsanteil der durch die Gasphase bzw. flüssige Phase im Strahlbereich besetzt wird
$\varepsilon_{S,Liq,2Ph}$	-	lokaler Querschnittsanteil der durch die flüssige Phase im Strahlbereich besetzt wird, bezogen auf den Bereich der Zweiphasenströmung
ζ	-	Turboladerkennzahl
η_{ATL}	-	Wirkungsgrad des Turboladers
$\eta_{i,HDP}, \eta_{v,HDP}$	-	indizierter Wirkungsgrad des Hochdruckprozess, realer bzw. vollkommener Motor
$\Delta\eta_{v,HDP}$	-	Differenz der indizierten Wirkungsgrade des Hochdruckprozess zwischen vollkommenen Motor und realem Motor
η_U	-	Umsetzungsgrad des Brennstoffs
$\kappa_{Abgas}, \kappa_{Luft}$	-	Isentropenexponent von Abgas bzw. Luft
λ	-	Luftverhältnis, allgemein
$\lambda_1, \lambda_2, \lambda_3, \lambda_{3'}, \lambda_{3''}, \lambda_4$	-	brennraumglobales Luftverhältnis des Gasgemisches in den jeweiligen Zuständen 1, 2, 3, 3', 3'' und 4
$\lambda_{3,opt}$	-	hinsichtlich der Rußoxidation optimales Luftverhältnis im Zustand 3 während des Hochdruckteils im erweiterten Gleichraumprozess
λ_{global}	-	globales Luftverhältnis
$\lambda_{L,E}$	-	Liefergrad bezogen auf den Zustand im vor Einlassventil
λ_{loc}	-	lokales Luftverhältnis, allgemein
λ_{loc1}	-	lokales Luftverhältnis, verbrannte und unverbrannte Komponenten werden berücksichtigt
λ_{loc2}	-	lokales Luftverhältnis, nur unverbrannte Komponenten werden berücksichtigt

$\lambda_{loc2,HGZavg}$	-	mittleres lokales Luftverhältnis, in der Hauptgemischzone, nur unverbrannte Komponenten werden berücksichtigt
λ_{stoech}	-	stöchiometrisches Luftverhältnis, Wert gleich eins
λ_{stVerd}	m^2/s	Tropfenverdampfungskonstante, stationär
$\lambda_{VG1}, \lambda_{VG2}$	-	Luftverhältnis des Verbrennungsgases im Ausgangszustand 1 bzw. Zielzustand 2
λ_{Zyl}	-	momentanes Luftverhältnis im Zylinder, brennraumglobal betrachtet
λ_{VGZyl}	-	momentanes Luftverhältnis des Verbrennungsgases im Zylinder
λ_{RG}	-	Luftverhältnis des Restgases
μ_{DL}	-	Durchflussbeiwert eines Düsenloch
ρ_{AmbGas}	kg/m^3	Dichte des Umgebungsgases des Strahlbereiches
$\rho_{Bst,0}$	kg/m^3	Dichte des Brennstoffs an der Düsenmündung bei der Temperatur $T_{Bst,0}$ und dem Druck $p_{Bst,0}$
$\rho_{EB}, \rho_{EB,p0}$	kg/m^3	Dichte des Gases vor Einlassventil allgemein bzw. beim Druck p_0
ρ_{GSK}	kg/m^3	Dichte des Gases in der Strahlkammer
ρ_{Liq}	kg/m^3	Dichte der flüssigen Phase bei einer Zweiphasenströmung, allgemein
ρ_{L1}	kg/m^3	Partialdichte der Frischluft im Zylinder zu Prozessbeginn im vollkommenen Motor und realem Motor
$\rho_{L1,krit}$	kg/m^3	kritische Partialdichte der Frischluft im Zylinder zu Prozessbeginn, bei der im realem Motor das Brennverfahren gerade noch stabil ist
$\rho_{L1,p0}$	kg/m^3	Partialdichte der Frischluft im Zylinder bei dem Druck p_0 vor Einlassventil
$\rho_{PrÖl}$	kg/m^3	Dichte des Prüföl im Einspritzkomponentenversuch
$\rho_{S,Gas,avg}$	kg/m^3	mittlere lokale Dichte im Strahlbereich der Hauptgemischzone
$\rho_{S,Liq,2Ph}$	kg/m^3	lokale Dichte der flüssigen Phase im Zweiphasengebiet im Einspritzstrahl
$\sigma_{pmi, HDP}$	bar, Pa	Standardabweichung des indizierten Hochdruckprozess-Mitteldruckes am realen Motor
τ_{Bst}	-	relativer Abstand zur normierten kritischen Temperatur für Modellbrennstoff

τ_k	-	relativer Abstand zur normierten kritischen Temperatur für die Komponente k
τ_{SP0}, τ_{SP1}	-, bar	Konstante und Linearfaktor in empirischer Gleichung zur Berechnung der schnellen Strahlpenetrationsphase
$T_{Bst,0}$	K	Temperatur des Brennstoff an der Düsenmündung
Δv	-	Stoffmengendifferenz in Reaktionsgleichung
X, $X_{3'}$, X_{SPBV}, $X_{SPBV,v}$	-	relative Kolbenposition, allgemein, für die Lage der zweiten Verbrennung sowie für den Brennverlaufsschwerpunkt im realen und im vollkommenen Motor
$X_{SPBV,v,max}$	-	maximal mögliche relative Kolbenposition für Brennverlaufsschwerpunkt im vollkommenen Motor (Vergleichsprozess)
Ψ	-	Androsselungspotential

Abkürzungen und Indizes

Abkürzung	Bedeutung
1, 2, 3, 3', 3'', 4, 4', 5, 5', 6	Zustände im erweiterten Gleichraumprozess: Verdichtungsbeginn, Verdichtungsende, Ende der 1. Gleichraumverbrennung, Beginn der 2. Gleichraumverbrennung, Ende der 2. Gleichraumverbrennung, Expansionsende, Ausschubende, vor Turbine bei Expansionsende, vor Turbine bei Ausschubende, nach Turbine
A, B	Variablen für Ausgangsstoffe einer chemischen Reaktion allgemein
Asp	Arbeitsspiel
BB, BE	Brennbeginn, Brennende
C	Kohlenstoff, Variable für Ausgangsstoff einer chemischen Reaktion allgemein
CO, CO_2	Kohlenmonoxid, Kohlendioxid
CZ	Cetanzahl
D, E	Variablen für Produkte einer chemischen Reaktion allgemein
EE	Einspritzende

F	1. Variable für Produkt einer chemischen Reaktion allgemein, 2. Brennstoff im Zündmodell
FTP75	Federal Test Procedure, US-Amerikanischer Stadt-Fahrzyklus
GE	Gemischelement
H	Wasserstoffradikal, Element Wasserstoff
HE	Haupteinspritzung
H_2	Wasserstoff
H_2O	Wasser
i	Zählindex für Stoffe, Elemente, Einspritzungen
I1, I2	Zwischenspezies für Zündmodell
k	Zählindex für die Modellbrennstoffkomponenten
K	Gesamtanzahl der Komponenten k im Modellbrennstoff
KW	Kurbelwinkel
M	repräsentatives Speichermaterial im NO_x-Speicherkatalysator
np	Druckexponent in Zündverzugsgleichung
N	Stickstoffradikal
NEFZ	Neuer europäischer Fahrzyklus
NSC, NSK	NO_x-Storage-Catalyst, NO_x-Speicherkatalysator
N_2	Stickstoff
O	Sauerstoffradikal, Element Sauerstoff
OH	Hydroxylradikal
OT	oberer Totpunkt
OZ	Oktanzahl
O_2	Sauerstoff, molekular
S	Element Schwefel, Stoff einer chemischen Reaktion
RG	Restgas
Tr	Tropfen
US06	US-Amerikanischer Hochlast-Fahrzyklus „US 06"
VG1, VG2	Verbrennungsgas im Ausgangszustand (1) bzw. im Zielzustand (2)
Y	Zwischenspezies für Zündmodell
ZOT	Zünd-OT, oberer Totpunkt im Hochdruckprozess

1. Einleitung

Im Zuge steigender Kraftstoffpreise und der Zielsetzung der Europäischen Kommission, die Kohlendioxid-Emissionen von Personenkraftwagen ab 2020 auf ein Flottenmittel von 95 g/km zu begrenzen, wird auch in Zukunft der Dieselmotor eine bedeutende Rolle als Fahrzeugantrieb beibehalten. Zwar sind auch auf dem Gebiet der Ottomotoren bemerkenswerte Fortschritte hinsichtlich des Kraftstoffverbrauches und der Erhöhung der Drehmomente, insbesondere im Bereich niedriger Drehzahlen, erzielt worden, prinzipbedingt bleibt jedoch der Dieselmotor die Wärmekraftmaschine mit dem höheren Wirkungsgrad. Der grundsätzlich höhere Wirkungsgrad des Dieselmotors gegenüber dem Ottomotor begründet sich über wenige thermodynamische Parameter, wie:

- ein hohes Verdichtungsverhältnis, im Allgemeinen größer als 14
- ein Arbeitsprozess, bei dem das globale Luftverhältnis immer größer 1 ist
- eine stets fehlende Androsselung der Frischgasladung

Kurzzeitige Sonderbetriebszustände, wie z.B. der Partikelfilter-Regenerationsbetrieb, sind bei dieser Betrachtung ausgenommen.

Beim Ottomotor erweist sich insbesondere der Betrieb mit einem globalen Luftverhältnis deutlich größer 1 sowie die vollständige Entdrosselung als schwierig und ist bisher nicht in allen Drehzahl- und Lastpunkten gelungen. Die Ausweitung dieses Bereiches ist Gegenstand der Forschung im Ottomotorenbereich.

Als globales Luftverhältnis λ_{global} wird hier und im weiteren Verlauf das brennraumglobale Luftverhältnis angesehen, das sich am Ende der Verbrennung im Zylinder einstellt. Wenn Spülverluste während der Ventilüberschneidungsphase ausgeschlossen werden können ist dies identisch mit dem Luftverhältnis, welches sich aus einer Abgasanalyse gewinnen lässt. Es unterscheidet sich aber von dem nach DIN 1940 definiertem Luftverhältnis λ das sich rein über die dem Motor zugeführten Brennstoff- und Luftmassen definiert. In diesem Luftverhältnis sind alle Luft- und Brennstoffmassen enthalten, unabhängig ob sie zur Bildung von Verbrennungsgas im Zylinder beitragen oder nicht. Im Folgenden wird im Zusammenhang mit Luftverhältnissen kleiner bzw. größer 1 auch der Begriff „fett" bzw. „mager" verwendet.

Der Dieselmotor besitzt gegenüber dem Ottomotor noch weitere anwendungsbeding-te Wirkungsgradvorteile, dies sind speziell:

- die fehlende Gemischanfettung bei hohen Motorleistungen (Bauteilschutz)
- die fehlende Gemischanfettung in Warmlaufphasen
- sowie fehlende Klopferscheinungen bei hohen Motorlasten (gute Downsizing-Eignung beim Dieselmotor, d.h. Voraussetzung für hohe Aufladung).

Betrachtet man die in naher Zukunft rückläufige Verfügbarkeit fossiler Kraftstoffe, so wird die zunehmende Substitution dieser Kraftstoffe durch alternative Kraftstoffe, wie beispielsweise „Biomass to Liquid" (BTL), stark an Bedeutung gewinnen. Hierdurch ergibt sich u. U. ein weites Spektrum der Kraftstoffeigenschaften [1.1]. Der Dieselmo-tor bringt durch seine Kompressionszündung die besten Voraussetzungen für eine Vielstofftauglichkeit mit, bzw. kann gut an diese Situation angepasst werden. Hierbei bleibt der hohe Wirkungsgrad erhalten.

Zusammenfassend ist daher zu sagen, dass der Dieselmotor auch in Zukunft sein Potential als eine der effizientesten Wärmekraftmaschinen behaupten kann und es lohnenswert ist, die Forschung und Entwicklung an diesem Motorkonzept weiter vo-ranzutreiben.

Neben der Kohlendioxd-Emissions-Begrenzung werden auch die zulässigen Grenz-werte der Abgasschadstoffe im eigentlichen Sinne, wie Kohlenmonoxid, unverbrann-te Kohlenwasserstoffe, Stickoxide und Partikel ständig verringert. So wird z. B. in der europäischen Union mit Einführung der Abgasnorm „Euro 6" zum ersten September 2014 (für die Typzulassung) die Einhaltung des Stickoxid-Grenzwert von 60 mg/km für PKW mit Ottomotoren und 80 mg/km für PKW mit Dieselmotoren vorgeschrieben. Unverändert bleibt der ab der Abgasnorm „Euro 5 b" für PKW mit direkteinspritzen-den Ottomotoren und Dieselmotoren gültige Partikelgrenzwert von 4.5 mg/km.

Die außermotorische Reduzierung der Rohemissionen findet für gasförmige Stoffe mit Hilfe von Katalysatoren statt. Kohlenmonoxid und unverbrannte Kohlenwasser-stoffe werden mittels Oxidationskatalysatoren wirksam reduziert. Zur Reduzierung der Partikelemissionen kommen verschiedene Filtersysteme zum Einsatz, wobei Ab-scheidungsgrade größer als 95 Prozent möglich sind. Diese Systeme sind bei Neu-wagen mit Dieselmotor, die die Abgasnorm „Euro 5" erfüllen, Stand der Technik. Zur Reduzierung der Stickoxid-Emissionen von mager betriebenen Verbrennungsmotoren werden SCR-Systeme oder alternativ NO_x-Speicherkatalysatorsysteme verwendet.

Bei einem NO_x-Speicherkatalysatorsystem handelt es sich um ein diskontinuierlich arbeitendes System, welches Stickoxide unter mageren Abgasbedingungen einspeichert. Ab einem bestimmten Beladungsgrad muss der NO_x-Speicherkatalysator regeneriert werden. Hierzu muss er mit fettem Abgas durchströmt werden.

Die Bereitstellung von fettem Abgas, gelingt an einem Ottomotor sehr gut; selbst mager betriebene Ottomotoren mit Direkteinspritzung können zur Regeneration eines NO_x-Speicherkatalysator auf ein homogenes Brennverfahren mit einem global fetten Gemischzustand umgeschaltet werden [1,2].

Soll ein NO_x-Speicherkatalysatorsystem an einem Dieselmotor realisiert werden, so muss auch dieser in gewissen Zeitabständen mit einem globalen Luftverhältnis kleiner 1 betrieben werden, um den NO_x-Speicherkatalysator zu regenerieren. Da es sich beim Dieselmotor um ein kompressionsgezündetes Brennverfahren mit weitgehend heterogenem Brennstoff-Luft-Gemisch handelt, treten hierbei im Gegensatz zum Ottomotor diesel-untypische, kritische Prozessmerkmale auf, die den Betriebsbereich unter Umständen sehr begrenzen können.

Das Herausstellen dieser kritischen Prozessmerkmale bei Regenerationsbetrieb und das Erarbeiten von Lösungsansätzen zur Darstellung eines Dieselbrennverfahrens mit einem globalen Luftverhältnis kleiner 1 in einem möglichst weiten Drehzahl- und Lastbereich sind Gegenstand dieser Arbeit. Ziel ist es dabei ein derart stabiles Brennverfahren anzustreben, dass der Motor dort über einen längeren Zeitraum, d.h. quasistationär, betrieben werden kann. Hierbei kommt dem Teillastbetrieb eine besondere Bedeutung zu.

2. Stand der Technik

Mit Einführung der Partikelfiltersysteme ist das in die Umgebung abgegebene Abgas von Dieselmotoren nahezu frei von Partikeln. Trotzdem wird intensiv an der Reduzierung der Partikelrohemission gearbeitet, da sich mit verringertem Partikelausstoß die Regenerationsintervalle des Partikelfiltersystems verlängern, wodurch sich eine Kraftstoffersparnis gegenüber einer konventionellen Partikelfilter Applikation ergibt. Das größte Problem der dieselmotorischen Verbrennung ist nach wie vor die Stickoxidbildung. Bei der klassischen Dieselverbrennung, die im Wesentlichen in Form einer nichtvorgemischten Verbrennung abläuft, stellen sich in den Reaktionszonen, nahe dem lokalem Luftverhältnis von etwa 1, die höchsten Temperaturen ein. Bei Verbrennung in reiner Luft können in diesen Zonen Temperaturen von über 2800 K erreicht werden. Die heißen Verbrennungsgase vermischen sich in weiterer Folge mit dem umgebenden Gas. Hohe Temperatur in Anwesenheit von Sauerstoff bewirkt, dass sich sowohl in der Diffusionsflamme selbst, als auch hinter der Flammenfront der thermische Stickoxid–Bildungsprozess in Gang setzt. Ohne entsprechende Gegenmaßnahmen führt dieser Bildungsprozess zu sehr hohen Stickoxidemissionen [2.1][2.2].

Für die weitere Stickoxidabsenkung nach Euro 5 (180 g/km) stößt man mit herkömmlichen innermotorischen Maßnahmen an Grenzen. Als herkömmliche, innermotorische Maßnahmen gelten:

- Abgasrückführung (AGR)
- Spätverstellung der Verbrennungsschwerpunktlage
- Ladeluft- und AGR-Kühlung
- Absenkung des Verdichtungsverhältnisses
- Drallsteuerung
- Einspritzmengenaufteilung
- Optimierung von Luft- und AGR-Führung (⇒ modellgestützte Gasmassenregelung)

Eine weitere signifikante Absenkung der Stickoxidemissionen, wie sie kommende Emissionsrichtlinien fordern, ist nur durch Umstellung auf homogene Brennverfahren oder durch Abgasnachbehandlung erreichbar. Die Umstellung von Euro 5 zu Euro 6 bedeutet immerhin eine Reduktion auf rund 44 Prozent des Euro 5 Stickoxid-Emissionsniveaus.

Der Einsatz von homogenen Diesel-Brennverfahren ist oft auf kleinere Mitteldrücke beschränkt [2.3]. Derartige Brennverfahren arbeiten oft mit sehr hohen Abgasrück-führraten, aber auch eine Homogenisierung in einer großen überschüssigen Luft-masse wäre denkbar. Hierdurch ergibt sich aber in jedem Fall ein großes Verhältnis von Frischgasmasse zu Brennstoffmasse. Dieser hohe Ladungsmassenüberschuss erfordert für hohe Mitteldrücke sehr hohe Ladedrücke. Die spezifische Abgasenthal-pie ist aber gerade wegen der großen Ladungsmasse im Verhältnis zur eingesetzten Brennstoffmasse gering. Unter diesen Bedingungen lassen sich daher mit der Ab-gasturbo-Aufladung keine allzu großen Ladedrücke bereit stellen. Daher kann derzeit ein homogenes Brennverfahren zwar unterstützend wirken, aber nicht als alleinige Maßnahme zur Emissionssenkung für einen weiten Drehzahl- und Lastbereich ange-sehen werden. Der Einsatz einer Abgasnachbehandlung ist daher unumgänglich.

Als Abgasnachbehandlung kommt ebenso wie beim mager betriebenen Ottomotor mit Direkteinspritzung der „NO_x-Speicherkatalysator" oder ein „SCR-System" in Fra-ge.

Wird ein NO_x-Speicherkatalysator als Abgasnachbehandlung ausgewählt, so bedeu-tet dies für den Dieselmotor, dass ein Betriebsmodus geschaffen werden muss, in dem fettes Abgas produziert wird. Herkömmliche Dieselbrennverfahren zeigen bei Annäherung an ein globales Luftverhältnis von 1 bereits eine sehr stark zunehmende Rußemission. Aus diesem Grund wird im normalen stationären Betrieb das minimal vertretbare globale Luftverhältnis auf 1.1 bis 1.4 begrenzt. Dieser Wert ist von Dreh-zahl und Last abhängig.

Die Darstellung eines unterstöchiometrischen Motorbetriebes bei geringen Rußemis-sionen ist daher nur eine von weiteren Anforderungen an den Dieselmotorenentwick-ler. Um die Anforderungen an die Abgaszusammensetzung seitens des NO_x-Speicherkatalysators näher zu spezifizieren, soll in den folgenden Unterkapiteln zu-nächst auf den NO_x-Speicherkatalysator selbst eingegangen werden.

2.1 Serienanwendung von NO$_x$-Speicherkatalysatoren

Durch die Serieneinführung von geschichtet mager betriebenen DI-Ottomotoren im Jahre 1996 durch den Hersteller Mitsubishi (GDI-Technologie) hielt auch erstmalig der NO$_x$-Speicherkatalysator Einzug in die Pkw Serienproduktion. Es folgten dann andere Hersteller, wie z.b. der Volkswagenkonzern im Jahre 2000 mit der „Fuel-Stratified-Injection"-Technologie (FSI-Technologie) im VW-Lupo [1.2]. Da bei diesen vorwiegend wandgeführten bzw. wand- / luftgeführten Brennverfahren der darstellbare geschichtete Kennfeldbereich sehr klein war und nur durch eine Brennraumgestaltung realisiert werden konnte, die aufgrund ihrer vergrößerten Wandflächen zu erhöhten Wärmeverlusten im Brennraum führte, blieb der erhoffte Minderverbrauch in der Praxis weit hinter den Erwartungen zurück. Dem gegenüber standen die hohen Kosten für den NO$_x$-Speicherkatalysator, der hohe regelungstechnische Aufwand und ein oft unbefriedigendes Motorlaufverhalten. Dies führte dazu, dass der geschichtet mager betriebene Ottomotor in Kombination mit einem NO$_x$-Speicherkatalysator zunächst von vielen Herstellern wieder aufgegeben wurde. Erst mit der Serienreife von sogenannten strahlgeführten direkteinspritzenden Ottomotoren, wie sie von der Daimler-Chrysler AG im Jahre 2006 [2.4] und der BMW AG im Jahre 2007 [2.5] vorgestellt wurden, kehrten Fahrzeuge mit geschichtetem Magerbetrieb und NO$_x$-Speicherkatalysator auf den Markt zurück .

Im Dieselmotor fand der erste Serieneinsatz eines NO$_x$-Speicherkatalysators im Jahre 2002 mit der Vorstellung des „Toyota-DPNR-Verfahrens" statt [2.6]. Dabei handelt es sich um die Kombination eines Partikelfilters mit einer Stickoxid absorbierenden Beschichtung in Verbindung mit einem auf niedrige Emissionen zielenden Brennverfahren. Im Jahre 2006 stellte die Daimler-Benz AG einen Motor im 300 E Bluetec mit klassischer Trennung zwischen Diesel-Partikel-Filter und motornahem NO$_x$-Speicherkatalysator vor. Er erfüllt die strengen US „Tier II Bin 8" Abgasgrenzwerte (Grenzwerte bis 50000 Meilen betragen im FTP 75 Zyklus für Partikel 20 mg/Meile und für Stickoxide 140 mg/Meile) [2.7].

Seit Mitte des Jahres 2008 bietet auch der Volkswagenkonzern ein Fahrzeug mit Dieselmotor an, der im Fahrzeugsegment der Mittelklasse sogar „Tier II Bin 5" erfüllt, d.h. bis 50000 Meilen betragen die Emissionen im FTP 75 Zyklus für Partikel 10 mg/Meile und für Stickoxide 50 mg/Meile. Bei diesem Konzept ist der Partikelfilter motornah angeordnet und der NO$_x$-Speicherkatalysator in einen motornahen und motorfernen Anteil aufgesplittet [2.8].

2.2 Funktionsweise von NO_x-Speicherkatalysatoren

Der NO_x-Speicherkatalysator (NSK), auch als Lean-NO_x-Trap (LNT) oder Lean-NO_x-Absorber (LNA) bezeichnet, ist ein diskontinuierlich arbeitendes System, welches bei magerem Abgas die Stickoxide in Form von Nitraten speichert und sie bei fettem Abgas wieder freisetzt. Im Katalysator werden sie dann zu Stickstoff (N_2) reduziert. Als Speichermaterial dienen die Oxide der Alkalimetalle (Na, K, Rb, Cs) sowie der Erdalkalimetalle (Mg, Ca, Sr, Ba), von denen Barium (Ba) die verbreitetste Anwendung findet [2.9][2.10]. Unabhängig vom verwendeten Speichermaterial läuft das immer gleiche Reaktionsschema in 4 Schritten ab. In den nachfolgend aufgeführten Gleichungen steht „M" repräsentativ für das verwendete Speichermaterial.

Bei der Einspeicherung unter mageren Abgasbedingungen wird zuerst das im Motorabgas überwiegend enthaltene Stickstoffmonoxid mittels Platin als Katalysator zu Stickstoffdioxid oxidiert [2.11], [2.12]:

$$NO + \frac{1}{2}O_2 \quad \rightarrow \quad NO_2 \,. \qquad\qquad\qquad\qquad\qquad Gl.2.2\text{-}1$$

Anschließend wird das Stickstoffdioxid als Nitrat eingespeichert:

$$2\,NO_2 + MO + \frac{1}{2}O_2 \quad \rightarrow \quad M(NO_3)_2 \,. \qquad\qquad\qquad Gl.2.2\text{-}2$$

Bei der Regeneration wird der NO_x-Speicherkatalysator mit fettem Abgas durchströmt. Der Regenerationsprozess beginnt mit dem Zerfall der Nitrate durch die Abgaskomponenten Wasserstoff (H_2), Kohlenmonoxid (CO) und unverbrannte Kohlenwasserstoffe (HC):

$$M(NO_3)_2 + 3\,CO \text{ bzw. } 3\,H_2 \quad \rightarrow \quad MO + 3\,CO_2 \text{ bzw. } 3\,H_2O + 2\,NO \,. \qquad Gl.2.2\text{-}3$$

Anschließend folgt die Reduktion des Stickstoffmonoxid am Edelmetall Rhodium:

$$2\,NO + 2\,CO \text{ bzw. } 2\,H_2 \quad \rightarrow \quad N_2 + 2\,CO_2 \text{ bzw. } 2\,H_2O \,. \qquad Gl.2.2\text{-}4$$

Die Effizienz der Regeneration nimmt ausgehend vom Wasserstoff über Kohlenmonoxid zu den unverbrannten Kohlenwasserstoffen hin ab [2.11].

Die Metalloxidverbindung (MO) in den Gleichungen 2.2-1 bis 2.2-3 ist im Allgemeinen nicht stabil [2.12] und reagiert in Anwesenheit von Kohlendioxid weiter zu einem Metallcarbonat (MCO$_3$). Die folgende **Abbildung 2.2-1** zeigt die Einspeicher- und Regenerationsvorgänge schematisch:

NO$_x$ haltiges Abgas mit λ > 1, NO$_x$-Adsorbtion

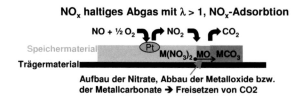

Aufbau der Nitrate, Abbau der Metalloxide bzw.
der Metallcarbonate ➔ Freisetzen von CO2

Abgas mit λ < 1, NO$_x$- Desorbtion und NO$_x$-Reduktion

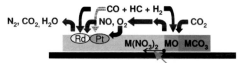

Abbau der Nitrate, Aufbau der Metalloxide bzw.
der Metallcarbonate ➔ Einspeichern von CO2

Abbildung 2.2-1: *Einspeicher- und Regenerationsvorgang im NOx-Speicherkatalysator, schematisch.*

Die für eine NO$_X$-Speicherkatalysator-Regeneration günstigen Stoffmengenanteile variieren nach der Literatur im ungefähren Bereich von 1.0 bis 5.0 Prozent für Kohlenmonoxid und 0.3 bis 2.0 Prozent für Wasserstoff. Die Mehrzahl der publizierten Ergebnisse von Synthesegasversuchen verwendet ein Gemisch aus Kohlenmonoxid und Wasserstoff, welches ein Kohlenmonoxid / Wasserstoff-Verhältnis von etwa 3 bis 4 besitzt, z.B. 4 Prozent Kohlenmonoxid zu einem Prozent Wasserstoff [2.11], [2.12].

2.2.1 Einfluss der Temperatur auf die Katalysatorwirkungsgrade

Das Einspeicherverhalten von Stickoxid hängt im Wesentlichen von der Temperatur und der Wahl des Speichermaterials ab [2.12]. Bei dem häufig als Speichermaterial verwendeten Barium ergibt sich ein Maximum zwischen 300 bis 400 °C, welches außerhalb dieses Bereiches stark abfällt, siehe **Abbildung 2.2-2**, links. Qualitativ zeigen alle Speichermaterialien einen schmalbandigen Absorbtionsgrad größer 95 Prozent über ein Temperaturintervall von ca. 100 K [2.13]. Durch geeignete Materialkombinationen lassen sich die Eigenschaften in die eine oder andere Richtung verschieben. Das Abfallen zu kleineren Temperaturen hin ist hauptsächlich mit der temperaturabhängigen Umsetzungsgeschwindigkeit von Stickstoffmonoxid zu Stickstoffdioxid verbunden, die dem Einspeichervorgang vorausgehen muss, siehe Gl.2.2-1. Der Abfall zu hohen Temperaturen liegt in dem thermischen Zerfall der Nitrate begründet. Der Regenerationsvorgang beginnt mit dem Freisetzen der Stickoxide aus dem Speichermaterial. Dies vollzieht sich in Abhängigkeit vom verwendeten Reduktionsmittel bei unterschiedlichen Temperaturen. Unter Verwendung von Kohlenmonoxid und Wasserstoff findet dieser Prozess bereits bei ca. 100 °C statt, während er sich bei Verwendung von Kohlenwasserstoffen zu höheren Temperaturen verschiebt. Beispielsweise liegt dieser Wert bei der Verwendung von Propan (C_3H_8) bei etwa 200 °C [2.11].

Die Umsetzung der freigesetzten Stickoxide zu Stickstoff vollzieht sich allerdings erst bei höheren Temperaturen, wie **Abbildung 2.2-2**, rechts, zeigt. Hier sieht man, dass

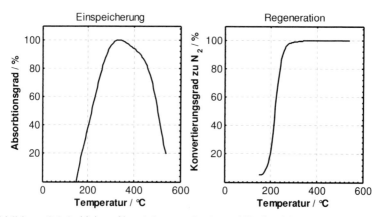

Abbildung 2.2-2: *Links: Absorbtionsgrad eines NO_x-Speicherkatalysators, Speichermaterial „Barium" Rechts: Konvertierungsgrad zu N_2.*

eine Konvertierung nahe 100 Prozent bzgl. der freigesetzten Stickoxide eine Mindesttemperatur von ca. 250 °C erfordert. Daher ist bei der Regeneration darauf zu achten, dass die Temperatur des NO_x-Speicherkatalysators sich mindestens bei diesem Schwellenwert befindet. Insbesondere bei den niedrigen Abgastemperaturen des Dieselmotors ist es unter Umständen erforderlich eine Temperaturkonditionierung der Regenerationsphase voranzustellen.

2.2.2 Einfluss der Raumgeschwindigkeit und des Beladungszustandes auf die Katalysatorwirkungsgrade

Neben der Temperatur ist das Einspeicherverhalten von Stickoxid auch von der Raumgeschwindigkeit v_{Raum} abhängig. Die Raumgeschwindigkeit gibt an, mit welcher Frequenz das Gasvolumen im Katalysator ausgetauscht wird; sie ist wie folgt als Quotienten aus Abgasvolumenstrom $\dot{V}_{Abgas}$ und Katalysatorvolumen $V_{Katalysator}$ definiert:

$$v_{Raum} := \frac{\dot{V}_{Abgas}}{V_{Katalysator}} . \qquad\qquad Gl.2.2\text{-}5$$

Abbildung 2.2-3, links zeigt diese Zusammenhänge, wonach mit steigender Raumgeschwindigkeit der Absorptionsgrad aufgrund abnehmender Verweildauer des Abgases im NO_x-Speicherkatalysator zurückgeht.

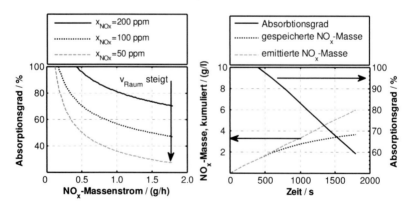

Abbildung 2.2-3: *Abhängigkeiten des Absorbtiongrads eines NO_x-Speicherkatalysators. Links: Einfluss der Raumgeschwindigkeit (Grundbeladung 1 g / l) Rechts: Einfluss des Beladungszustandes; Katalysatortemperatur 300 °C, [2.11]. x_{NOx} sind die Stoffmengenanteile NOx im Abgas*

Auch der bis zu einem bestimmten Zeitpunkt erreichte Beladungszustand hat Einfluss auf die Effizienz des NO_x-Speicherkatalysators, wie **Abbildung 2.2-3**, rechts, zeigt. Während zu Beginn der Beladung noch die komplette Stickoxidmasse aus dem Abgas absorbiert wird, macht sich mit zunehmender Beladung die Verknappung der Speicherplätze bemerkbar, was zu einem Auseinanderlaufen der Rohemissions- und der Speicherkurve führt. Der Wirkungsgradabfall beginnt hier etwa bei einem Beladungszustand von ca. 2 Gramm pro Liter, erkennbar an dem Auseinanderlaufen der beiden Kurven von gespeicherter und emittierter NO_x-Masse. Bis zum Zeitpunkt 1800 s, siehe **Abbildung 2.2-3**, rechter Teil, sind nur noch ca. 60 Prozent aller emittierten Stickoxide absorbiert worden; an spätestens dieser Stelle sollte eine Regeneration eingeleitet werden.

2.3 Unerwünschte Begleiterscheinungen beim NO_x-Speicherkatalysator

2.3.1 Verschwefelung des NO_x-Speicherkatalysator

Die Verschwefelung des NO_x-Speicherkatalysators ist eine schwerwiegende Funktionsbeeinträchtigung. Hierbei kommt es zum Besetzen der Speicherplätze durch Schwefelsulfat das konkurrierend zur Nitratbildung mit dem Speichermaterial gebildet wird:

$$SO_2 + MO + \frac{1}{2}O_2 \quad \rightarrow \quad MSO_4 . \qquad \text{Gl. 2.3-1}$$

Hierdurch werden die Speicherplätze dauerhaft besetzt. Dieser Zustand kann auch nicht durch eine „normale" NO_x-Speicherkatalysator-Regeneration, d.h. durch kurze Phasen mit fetter Abgaszusammensetzung beseitigt werden. Daher ist die Forderung nach möglichst schwefelarmen Kraftstoff zum Betrieb eines NO_x-Speicherkatalysators unverzichtbar.

Durch diesen Effekt verhält sich der NO_x-Speicherkatalysator so, als sei er bereits stärker beladen, so dass der degressive Verlauf der „absorbierten Stickoxid-Emissionen", in **Abbildung 2.2-3** gezeigt, bereits zu früheren Zeiten auftritt. Hieraus resultieren verkürzte Regenerationsintervalle und erhöhter Kraftstoffverbrauch.

Die Beseitigung der Sulfatverbindungen im Speichermaterial kann im Fahrzeugbetrieb nur bei einem länger andauernden Wechselspiel der Abgaszusammensetzung mit Fett- und Magerphasen in Kombinationen mit hohen Temperaturen (600 bis 750 °C) erzielt werden. Dabei dienen die Fettphasen der eigentlichen Sulfatbeseitigung, die Magerphasen dem Auffüllen des Sauerstoffspeichers im NO$_x$-Speicherkatalysator und in den meist nachgeschalteten katalytisch aktiven Bauteilen, wie Sperrkatalysator -vom Typ her ein Oxidationskatalysator- und beschichteter Dieselpartikelfilter. Die in Strömungsrichtung nach NO$_x$-Speicherkatalysator angeordneten Sauerstoffspeicher, wie z.B. der Sperrkatalysator, verhindern ein Durchbrechen von überschüssigem Reduktionsmittel während der Fettphasen. Diese Entschwefelungsprozedur spielt sich in einer zeitlichen Größenordnung von etwa 15 bis 30 Minuten ab und wird vom Motorsteuergerät auf Basis eines implementierten Verschwefelungmodells nach ca. 1500 bis 2000 km Fahrstrecke eingeleitet.

2.3.2 Thermische Nebeneffekte am NO$_x$-Speicherkatalysator

Unter den thermischen Nebeneffekten sind die thermische Alterung und die thermische Desorbtion am bedeutendsten. Unter der thermischen Alterung eines NO$_x$-Speicherkatalysators versteht man die Abnahme seines Konvertierungsgrades aufgrund von thermischer Beanspruchung. Die thermische Alterung beginnt etwa bei 650 bis 700 °C und nimmt mit weiterer Temperaturerhöhung linear zu. Ab Temperaturen größer 750 °C spielt auch die Zeitspanne, innerhalb der der NO$_x$-Speicherkatalysator dieser Temperatur ausgesetzt ist, eine wichtige Rolle [2.9]. Unterhalb von 750 °C ist die Zeitspanne für thermische Alterung vernachlässigbar. Betroffen von der thermischen Alterung ist in erster Linie die Effizienz im Niedertemperaturbereich, was bedeutet, dass sich die linke Flanke der Umsatzkurve, siehe *Abbildung 2.2-2*, nach rechts verschiebt. Den Verlust der Einspeichereffizienz bei einer Temperatur von 200 °C zeigt *Abbildung 2.3-1* links. Bei dieser Temperatur liegt im Neuzustand ein Absorbtionsgrad von ca. 40 Prozent vor, siehe auch *Abbildung 2.2-2*. Nach der Erhitzung des Katalysatormaterials auf Temperaturen größer 600 °C (die Zeitdauer der Beaufschlagung betrug in diesem Versuch 10 Stunden) tritt eine Verschlechterung dieses Wertes auf [2.9]. Bei einer Temperaturbeaufschlagung von beispielsweise 800 °C hat sich der Wert des Absorbtionsgrades auf etwa 20 Prozent reduziert (entspricht 50 Prozent Absorbtionsgradverlust). Dieser Effekt ist hauptsäch-

lich auf die Sintereffekte des als Oxidationskatalysator wirkenden „Platins" zurückzuführen. Am Platin findet die Umsetzung von Stickstoffmonoxid mittels Sauerstoff zu
Stickstoffdioxid statt und muss dem Einspeichervorgang vorausgehen. Durch hohe
Temperaturen sintert das im Neuzustand fein verteilte Platin zu größeren Clustern
zusammen, wodurch die Kontaktwahrscheinlichkeit mit Stickstoffoxid und Sauerstoff
abnimmt und somit die Konvertierung zu Stickstoffdioxid zurückgeht. Leider sind die
hohen Temperaturen unumgänglich, da in regelmäßigen Abständen eine Desulfati-
sierung des NO_x-Speicherkatalysators durchgeführt werden muss. Diese läuft bei
eben diesen hohen Temperaturen von mehr als 650 °C ab. Beim Dieselmotor kommt
zusätzlich noch die regelmäßige, thermische Regeneration des Partikelfilters hinzu,
die ebenfalls bei Abgastemperaturen von ca. 600 bis 650 °C abläuft. Auch hier können Spitzentemperaturen von über 750 °C nach Partikelfilter auftreten.

Unter der thermischen Desorbtion versteht man das Freisetzen der gespeicherten
Stickoxide unter dem Einfluss hoher Temperaturen des Speichermaterials. *Abbildung 2.3-1*, rechts, zeigt die normierten Stickoxid-Emissionen bei einem Desorbti-
onsversuch: Beaufschlagen eines beladenen NO_x-Speicherkatalysators mit Helium
als Inertgas bei steigender Temperatur führt zu ansteigenden NO_x-Emissionswerten
hinter dem NO_x-Speicherkatalysator. Über die Zeitdauer dieses Versuchs ist nichts
bekannt. Die maximale Freisetzungsrate der gespeicherten Stickoxide tritt ab etwa
430 °C auf [2.11].

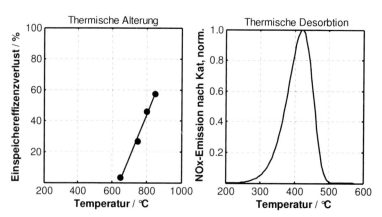

Abbildung 2.3-1: *Links: Thermische Alterung eines NSK [2.9]. Rechts: Thermische
Desorbtion von gespeicherten Stickoxiden [2.11].*

Dieser Effekt ist durch die Instabilität der Nitrate zu begründen und trägt unter anderem zu dem Abfall der Kurve in **Abbildung 2.2-2** bei.

Die thermische Desorbtion hat Konsequenzen für den Einsatz in der Praxis, da aus verschiedenen Gründen hohe Abgastemperaturen auftreten können. Dies wird insbesondere dann beachtenswert, wenn die hohen Temperaturen über einen gewissen Zeitraum anstehen und so den NO_x -Speicherkatalysator aufheizen.

Als Beispiel hierfür ist die schon erwähnte Partikelfilterregeneration, wie auch der normale Betrieb bei höheren Motorlastzuständen zu nennen.

Beide Betriebszustände heizen den Abgasstrang stark auf, so dass entsprechend darauf zu reagieren ist. Wenn ein solcher Betriebszustand ansteht, muss eine Regeneration des NO_x-Speicherkatalysators vorab vom Motormanagement eingeleitet werden, damit die gespeicherten Stickoxide nicht wieder freigesetzt werden. Dieses ist im Falle einer Partikelfilterregeneration leichter vorherzusehen, als bei einer plötzlichen Lasterhöhung durch den Fahrer. Ebenso bedarf es auch nach einer Hochtemperaturphase eine gewisse Zeit des Abkühlens, bis der NO_x-Speicherkatalysator wieder in den zur Absorbtion günstigen Temperaturbereich gelangt ist.

2.3.3 Chemische Nebeneffekte am NO_x-Speicherkatalysator

Zu den chemischen Nebeneffekten zählt die chemische Desorbtion, wie es in **Abbildung 2.3-2** gezeigt wird. Hier sieht man diesen Effekt anhand eines Motorprüfstandslaufs in einem Konstantfahrpunkt: Zu Beginn der Regenerationsphasen (Fettphasen) kommt es zum Austragen von Stickoxiden, erkennbar an dem schwellenartigen Anstieg der Stickoxidmassenemission. In diesem Beispiel ist dieser Anstieg die Folge einer nicht perfekten Einregelung der Gasmassen und des globalen Luftverhältnisses. Hierdurch kommt es zu einem anfänglichen Mangel an Reduktionsmitteln. Wie Gleichung 2.2-3 beschreibt, beginnt der Regenerationsprozess mit der Freisetzung von Stickstoffmonoxid aus den Nitraten. Da hierbei auch Sauerstoff freigesetzt wird, reagieren die Reduktionsmittel (Kohlenmonoxid, Wasserstoff...) damit bevorzugt zu Kohlendioxid und Wasser. Erst wenn der aus den Nitraten freigesetzte Sauerstoff verbraucht ist, kommt es zur Reduktion der Stickoxide. Falls nicht genügend Reduktionsmittel in den NO_x-Speicherkatalysator einströmen, werden freigesetzte

Stickoxide deshalb nicht weiter zu Stickstoff reduziert und sind somit nach dem Katalysator als Stickoxidemissions-Spitze messbar.

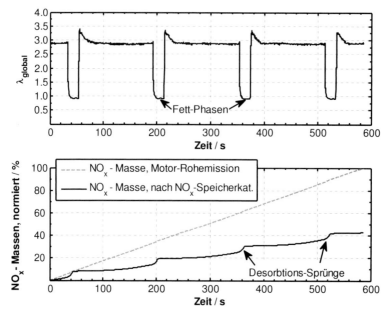

Abbildung 2.3-2: Beladungs- und Regenerationszyklen mit NOx-Durchbrüchen bei Regenerationsbeginn; $n = 2000$ min^{-1}, $p_{mi} = 6.0$ bar, Temperatur des NO$_x$-Speicherkatalysators 390 °C.

Trotz dieses Nachteils wird noch ein guter Umsetzungsgrad von etwa 57 Prozent erreicht, was insbesondere auf den recht hohen Zeitanteil der Regeneration von 10.7 Prozent zurückzuführen ist. Hinsichtlich Kraftstoffersparnis sollte ein kleiner Zeitanteil für die Regeneration favorisiert werden. Für eine effektive Regeneration eines NO$_x$-Speicherkatalysators im Fahrbetrieb ist es daher nötig, bei möglichst kurzer Einregelzeit ein hohes Maß an Regelgüte zu erzielen. Dies betrifft insbesondere den Gaspfad des Motors, wie die simultane Einregelung der Luftmasse, der AGR-Rate und des Ladedrucks. Nur auf dieser Basis kann auch eine Lambdaregelung zielgerichtet funktionieren, die zur exakten Bereitstellung der Reduktionsmittel im Abgasstrom unumgänglich ist.

2.4 Anordnungsprinzipien des NO$_x$-Speicherkatalysators

Grundsätzlich hängt die Positionierung des NO$_x$-Speicherkatalysators von dem sich einstellenden Temperaturniveau im Abgassystem ab und sollte so gewählt werden, dass man ohne Zusatzmaßnahmen, wie z.b. Heizstrategien, in den Bereich der maximalen Umsatzraten gelangt. Dies ist nach **Abbildung 2.2-2** der Temperaturbereich von 260 bis 450 °C.

Das Abgastemperaturniveau eines Dieselmotors steigt mit der von der ihm abgeforderten Leistung, das heißt, proportional zu dem Produkt aus Drehzahl und indiziertem Mitteldruck. Zur Darstellung hoher indizierter Mitteldrücke, was der inneren hubraumbezogene Arbeit entspricht, sind in der Regel ein hoher Gemischheizwert durch ein kleines Luftverhältnis, sowie hohe hubraumspezifische Gasdurchsätze nötig. Mit Steigerung des Gemischheizwertes ergeben sich höhere Abgastemperaturen am Eintritt in das Abgassystem. Die gesteigerten Gasdurchsätze verursachen ihrerseits geringere Gasverweildauern im Abgassystem, weshalb der massenspezifische Wärmeverlust an die Wände der gasführenden Bauteile abnimmt. Für einen weitgehend im unteren Teillastbereich betriebenen großvolumigen Motor ist daher die Variante (a) in **Abbildung 2.4-1** günstiger, während für einen kleinvolumigen, aber leistungsstarken Motor (starkes „Downsizing"-Konzept), eher die Variante (b) vorzuziehen ist.

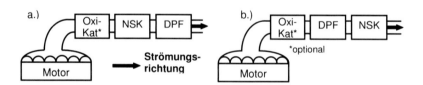

Abbildung 2.4-1: *Mögliche Anordnungen eines NO$_x$ -Speicherkatalysators (NSK) vor (a) und nach (b) Dieselpartikelfilter (DPF); die Installation des Oxidations-Katalysators kann u. U. entfallen, wenn dessen Funktion z. T. im NSK bzw. Partikelfilter implementiert ist.*

Variante (b) hat zusätzlich noch den Vorteil, dass die Stickoxide erst hinter dem Dieselpartikelfilter entfernt werden. Hierdurch wird im Falle eines katalytisch beschichteten Dieselpartikelfilters dessen passive Regeneration via „CRT-Prinzip" (CRT: Continuous Regenerating Trap) gefördert. Dabei wird im Filter gespeicherter Ruß in einer Reaktion mit Stickstoffdioxid kontinuierlich zu Kohlendioxid oxidiert. Das Stickstoffdioxid wird an der katalytischen Beschichtung gemäß Gleichung 2.2-1 gebildet. Ein weiterer Vorteil der Variante (b) ist die thermische Trägheit des Abgassystems durch den vorgeschalteten Partikelfilter, wodurch spontane Lastspitzen abgepuffert werden und es gemäß Abschnitt 2.4.2 nicht zur thermischen Desorbtion der gespeicherten Stickoxide kommt. Nach Kaltstarts oder langen Schubphasen ist diese große thermische Trägheit allerdings nachteilig, weshalb man hier Heizstrategien vorhalten muss, um das Abgassystem schnell (wieder) in den gewünschten Temperaturbereich zu bringen. Zur Abdeckung eines weiten Lastspektrums lässt sich

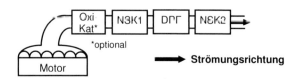

Abbildung 2.4-2: *Aufteilung der NO_x-Speicherung in einen motornahen (NSK1) und motorfernen (NSK2) Anteil.*

das NO_x-speicherfähige Material auch in einen motornahen und motorfernen Anteil aufsplitten, wie es **Abbildung 2.4-2** zeigt. Bei kleinen Lasten stellt sich entlang der Abgasanlage ein Temperaturprofil ein, das nur den Einspeichervorgang im NSK1 unterstützt; der NSK2 bleibt wirkungslos. Bei höheren Lasten liegt ein Temperaturprofil in der Abgasanlage vor, das den NSK2 in seinen optimalen Arbeitsbereich bringt, während dieser für den NSK1 bereits überschritten wurde, siehe hierzu auch **Abbildung 2.2-2**. Die Stickoxidabsorbtion wird in diesem Fall nur vom NSK2 übernommen. Zwischen hohen und niedrigen Lasten existiert ein Übergangsbereich innerhalb dessen beide NO_x-Speicherkatalysatoren mit vermindertem Wirkungsgrad arbeiten. Die Aufteilung des NO_x-speicherfähigen Materials orientiert sich in optimaler Weise an den relativen NO_x-Rohemissionsmassenströmen, d.h. ein kleinerer bzgl. Schwachlast sensitiver NSK1 (der Stickoxidmassenstrom ist bei Schwachlast im Vergleich zur Hochlast relativ gering) in Kombination mit einem größeren hochlastsensitiven NSK2. Eine solche Anordnung nach **Abbildung 2.4-2** stellt allerdings eine große Ansammlung von Sauerstoff speicherndem Material dar (Oxi-Kat, NSK1, DPF, NSK2). Bevor nach der NSK-Regenerationseinleitung Reduktionsmittel am NSK2 zur Verfügung steht, müssen zunächst die einzelnen Sauerstoffspeicher geleert werden, da Sauerstoff für das Reduktionsmittel ein bevorzugter Reaktionspartner ist. Die zeitliche Größenordnung der Regeneration beläuft sich auf etwa 15 bis 45 Sekunden. Diese Anforderung kommt einem stationären Motorbetrieb gleich und stellt deshalb große Anforderungen an das Brennverfahren für die NO$_x$-Speicherkatalysator-Regeneration, wie in den späteren Kapiteln dieser Arbeit gezeigt wird.

Trotzdem bietet eine solche Anordnung Vorteile hinsichtlich der Ausweitung des Motor-Betriebsbereiches innerhalb dessen die Stickoxid-Nachbehandlung mit hohem Wirkungsgrad funktioniert. **Abbildung 2.4-3** zeigt anhand des Abgastemperaturprofils an beiden NO$_x$-Speicherkatalysatoren über der effektiven spezifischen Motorleistung die mögliche Bereichserweiterung. Bedingt durch den flachen Temperaturverlauf bei mittleren spezifischen Leistungen bewirkt die um ca. 70 Kelvin nach unten verschobene Temperaturkurve des NSK2 einen deutlichen Zuwachs auf der Leistungsskala. Innerhalb eines Leistungsspektrums von 4 kW je Liter bis etwa 38 kW je Liter liegt der Wirkungsgrad mindestens eines der beiden NO$_x$-Speicherkatalysatoren über 80 Prozent. Der Abstand der beiden NO$_x$-Speicherkatalysatoren betrug hier etwa 1.5 m. Durch das Auftragen der Abgastemperatur über der effektiven spezifischen Leistung wird diese Größe von der Motorgröße entkoppelt. Somit erlangt die Aussage von **Abbildung 2.4-3** eine gewisse Allgemeingültigkeit.

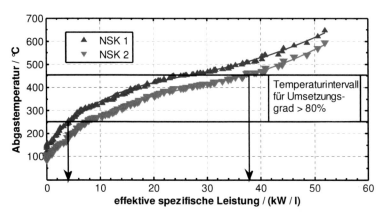

Abbildung 2.4-3: Gemessener Temperaturverlauf an den jeweiligen NO$_x$-Speicherkatalysatoren, NSK1 und NSK2, Motorprüfstandsmessung.

2.5 Motorverhalten im DeNOx-Betrieb

Während das Einspeichern von Stickoxiden in den NO_x-Speicherkatalysator im Normalbetrieb gewissermaßen passiv abläuft, muss zu dessen Regeneration umfangreich in die Motorsteuerung eingriffen werden. Nur auf diese Weise lässt sich die Verbrennung so führen, dass das für die Regeneration benötigte fette Abgas zur Verfügung steht. Vergleicht man das Betriebsverhalten des normalen Motorbetriebs mit dem des Regenerationsbetriebes, im Folgenden als DeNOx-Betrieb bezeichnet, so fallen insbesondere zwei Parameter auf. Dies ist zum einen die Motorlaufruhe, zum anderen die je Arbeitsspiel emittierte Rußemission $m_{Ruß}$, siehe **Abbildung 2.5-1**. Die Motorlaufruhe wird gut durch die Standardabweichung $\sigma_{pmi, HDP}$ des indizierten Mitteldrucks im Hochdruckprozess $p_{mi, HDP}$ wiedergegeben.

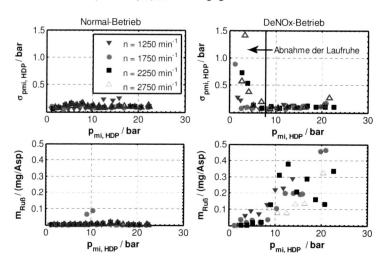

Abbildung 2.5-1: *Betriebsartenvergleich bei verschiedenen Drehzahlen bzgl. Laufruhe und Rußmassen-Emission eines Serienmotors. Links: Normal-Betrieb. Rechts: DeNOx-Betrieb.*

Es wurde bewusst nur der indizierte Mitteldruck des Hochdruckprozesses und dessen Schwankung herangezogen, um Einflüsse des Ladungswechsels weitgehend auszuklammern. Ein geringer Wert der Standardabweichung bedeutet eine hohe Laufruhe und umgekehrt. Während im Normalbetrieb die Standardabweichung auf einem niedrigem Niveau, kleiner 0.4 bar, liegt, ist dies im DeNOx-Betrieb nur bei Mitteldrücken des Hochdruckprozesses oberhalb von 8 bar der Fall. Im Mitteldruck-

Intervall von 0 bis 8 bar findet man sogar Werte, die auf über 1.4 bar ansteigen. Die Rußmassen-Emission zeigt dagegen einen Anstieg zu höheren Lasten, sie liegt aber auch bei kleinen Mitteldrücken oberhalb des Niveaus des Normalbetriebs. Die Ursachen für dieses Verhalten werden in den nachfolgenden Kapiteln näher betrachtet. Insbesondere für die Anordnung der NO_x-Speicherkatalysatoren nach dem Schema in *Abbildung 2.4-2* wird eine lange Regenerationsdauer benötigt, die einem stationären Motor-Betrieb gleichkommt. Diese Anordnung wird bevorzugt, wenn die Stickoxidreduktion mittels NOx-Speicherkatalysator in einem weiten Leistungsbereich abgedeckt werden soll, wie es *Abbildung 2.4-3* zeigt.

Damit dieser länger andauernde Betrieb auch in den Betriebspunkten mit kleinen indizierten Mitteldrücken akzeptabel ist, ist eine gute Laufruhe von entscheidender Bedeutung. Ein weiteres wichtiges Ziel ist die Minimierung der Rußemissionen im DeNOx-Betrieb, damit der Partikelfilter nicht übermäßig schnell beladen wird. Dies hätte eine deutliche Verkürzung der Regenerationsintervalle zur Folge.

3. Aufgabenstellung

Die Bereitstellung von Abgas mit einem Luftverhältnis kleiner 1, wie es für die Regeneration eines NO_x-Speicherkatalysators erforderlich ist, bedeutet für den Dieselmotor einen unter Luftmangel geführten Hochdruckprozess. Dieselbrennverfahren reagieren im normalen Betrieb bereits bei Unterschreitung eines bestimmten Grenzwertes des globalen Luftverhältnisses mit einem starken Anstieg der Rußemission. Dies gilt insbesondere dann, wenn man die Absenkung des Luftverhältnisses ausschließlich durch Einspritzmengenerhöhung und Luftmassenabsenkung darstellt. Die Momentenkonstanz lässt sich hierbei in gewissen Grenzen über die Verbrennungsschwerpunktlage einstellen.

Erschwerend kommt bei dieser Prozessführung hinzu, dass die Lastregelung, wie im normalen Betrieb über ein (in weiten Grenzen) variables globales Luftverhältnis entfällt. Das globale Luftverhältnis variiert im Luftmangelbetrieb nur in engen Grenzen, d.h. Brennstoff- und Luftmasse müssen zur Laständerung simultan verstellt werden; dieses bedeutet insbesondere für den in der Praxis sehr relevanten unteren Teillastbereich eine starke Reduktion der Frischluftmasse. Damit geht eine drastische Reduktion der Gasdichten während des Hochdruckprozesses im Bereich des oberen Totpunktes einher, was sich nachteilig auf die Gemischbildung und Selbstzündung auswirkt. Des Weiteren existiert im Zylinder bei globalem Luftmangelbetrieb nach Verbrennungsende keine rußoxidierende Gasatmosphäre mehr. Der Rußbildung muss daher bei dieser Betriebsart eine hohe Beachtung geschenkt werden.

Ziel der nachfolgenden Untersuchungen ist es daher:

- Mittels eines neu definierten Vergleichsprozesses auf theoretischem und thermodynamischem Wege die grundlegenden Prozesseigenschaften herauszuarbeiten.

- Die dieselmotorische Gemischbildung in einer Gasatmosphäre mit sehr geringen Dichten zu untersuchen und besser zu verstehen (Trennung von physikalischem und chemischem Zündverzug).

- Das Zündverhalten bzw. die Zündsicherheit bei sehr geringen Gasdrücken und erhöhten Restgasanteilen zu analysieren um das Teillastverhalten zu verbessern.

Anhand der erwarteten Untersuchungsergebnisse soll es möglich sein, Empfehlungen für die Auslegung des Brennverfahrens und dessen spätere Abstimmung geben zu können. Ziel muss es einerseits sein, einen DeNOx-Betrieb mit einem globalen Luftverhältnis kleiner 1 für möglichst kleine Mitteldrücke bei guter Laufruhe darzustellen. Andererseits ist für alle Betriebspunkte eine Minimierung der Rußemission anzustreben.

4. Grundsatzbetrachtungen zum DeNOx-Betrieb

4.1 Drehzahl- und Lastprofil des Motors

Ein Fahrzeugmotor wird im Allgemeinen sehr dynamisch mit ständig wechselnden Last- und Drehzahlbereichen betrieben. Um die Vergleichbarkeit bei Emissions- und Verbrauchmessungen zu gewährleisten, sind diverse Fahrzyklen definiert worden, die ein durchschnittliches Fahrprofil repräsentieren. In Europa ist es der „Neue Europäische Fahrzyklus" (NEFZ), der aus einem innerstädtischen Teil und einem außerstädtischem Teil besteht. Der innerstädtische Teil basiert auf geringen Geschwindigkeiten mit maximal 50 km/h und beinhaltet viele Halte-Phasen. Der außerstädtische Teil beinhaltet dagegen höhere Geschwindigkeiten bis 120 km/h und damit einhergehend höhere Motorlastzustände. In den USA wird als Fahrzyklus der „FTP75"-Test herangezogen, der ebenso wie der innerstädtische Teil des NEFZ ein Zyklus mit vielen Schwachlastanteilen ist. Geschwindigkeiten über 90 km/h werden hier nicht erreicht, der überwiegende Test spielt sich bei Geschwindigkeiten unter 60 km/h ab. Ergänzend hierzu werden in den USA regional noch weitere Testzyklen gefahren. Beispielsweise wird in Staaten die die kalifornischen Emissionsstandards angenommen haben der, aufgrund starker Beschleunigungsvorgänge, sehr hochlastige Test „US06" zur Emissionsmessung herangezogen.

Beide US-Fahrzyklen eignen sich sehr gut, um die Bandbreite der für einen realen Fahrbetrieb relevanten Motorlasten zu quantifizieren. Daher werden diese beiden US-Zyklen hier zur Ermittlung des Motorbetriebsbereiches, innerhalb dessen ein fettes globales Gemisch darstellbar sein muss, herangezogen. Zur Quantifizierung der Motorlast wird der indizierte Mitteldruck p_{mi} (realer Motor) bzw. p_{mv} (vollkommener Motor) verwendet.

Bei Betrachtung des FTP75-Fahrzyklus wird die Bedeutung äußerst kleiner indizierter Mitteldrücke für den Fahrbetrieb deutlich. Für das gleiche Fahrzeug wurde dieser Zyklus mit drei verschiedenen Motoren simuliert. *Abbildung 4.1-1* zeigt anhand der ersten 500 Sekunden dieser Zyklussimulation, dass selbst bei einem starken Downsizing-Konzept in einem Mittelklassefahrzeug (roter Kurvenzug, 1.2 l Motor) die indizierten Mitteldrücke bei den quasi Konstantfahrpunkten (z.B. im Zeitintervall 460 bis 490 Sekunden, siehe Pfeilmarkierung rechts in *Abbildung 4.4-1*) bis zu p_{mi} von ca. 3 bar hinunter reichen; Stand- und Schubphasen seien bei dieser Betrachtung nicht berücksichtigt. Das gleiche Fahrzeug mit einem 2 l Motor erfordert sogar eine Reduktion dieses minimalen indizierten Mitteldruckes auf ca. 1.8 bar.

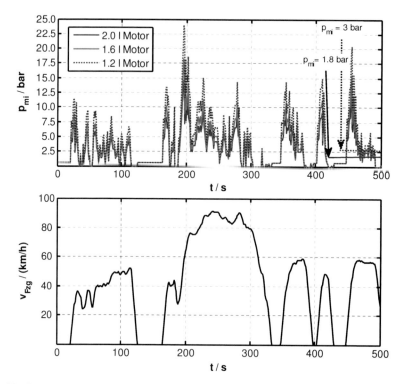

Abbildung 4.1-1: *Indizierte Mitteldrücke (oben) im FTP75-Fahrzyklus (unten, bis t = 500 s), simuliert für 3 verschiedene Motorengrößen im VW Golf V, Schwungmassenklasse 3500 lbs (simuliert mit Progammsystem MOpSi der IAV GmbH)[4.1].*

Wenn man den US06-Zyklus betrachtet, wie es **Abbildung 4.1-2** zeigt, müssen vergleichsweise hohe Mitteldrücke realisiert werden. Hier erkennt man, dass der kleine Motor mit starkem Downsizing in der Hochgeschwindigkeitsetappe zum Teil einen indizierten Mitteldruck über 30 bar bereitstellen muss und selbst der größere 2 l Motor auch noch Werte von p_{mi} über 20 bar produziert, um dem Zyklusverlauf folgen zu können.

Fasst man diese Betrachtungen innerhalb eines Häufigkeitsverteilungsdiagramms zusammen, so ergibt sich **Abbildung 4.1-3**.

Man erkennt deutlich die Relevanz kleiner Lasten für den FTP75-Zyklus, so deckt der 2 l Motor bereits mit indizierten Mitteldrücken unter 2.8 bar 50 Prozent aller Lastzustände des Fahrbetriebes ab. (Fahrzeugstillstände wurden in die Berechnung nicht mit einbezogen). Bei dem 1.2 l Motor erhöht sich dieser Wert auf p_{mi} kleiner als 4.4 bar.

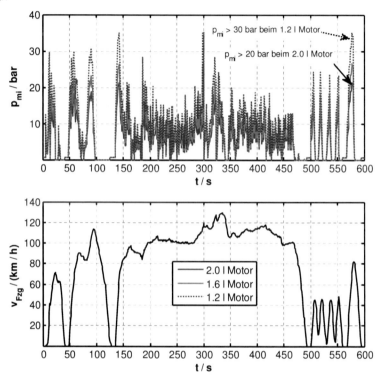

Abbildung 4.1-2: *Indizierte Mitteldrücke (oben) im US06-Fahrzyklus (unten), simuliert für 3 verschiedene Motorengrößen im VW Golf V, Schwungmassenklasse 3500 lbs (simuliert mit Progammsystem MOpSi der IAV GmbH)[4.1].*

An der Häufigkeitsverteilung lassen sich auch die Einbußen in der Lastabdeckung für einen bestimmten indizierten Mitteldruck ablesen: Wäre zum Beispiel der fette Motorbetrieb nur oberhalb von 4 bar Mitteldruck möglich, so würde dies für den 2 l Motor bedeuten, dass in ca. 70 Prozent der im FTP75 auftretenden Lastzustände eine NO_x-Speicherkatalysator-Regeneration unmöglich ist (Strich-Punkt-Linie, grau). Wenn zusätzlich noch eine obere Grenze des indizierten Mitteldruckes existiert, so stellt dies eine weitere Einschränkung dar. Fordert man für den FTP75-Zyklus, dass in 70 Prozent aller Lastzustände eine NO_X-Speicherkatalysator-Regeneration möglich sein muss, so liest man aus **Abbildung 4.1-3** (durchgezogene Pfeillinien) für den 2 l Motor einen zu realisierenden Mitteldruckbereich von 1.5 bis 15 bar ab. **Abbildung 4.1-4** verdeutlicht noch einmal, dass es für eine hohe Lastabdeckung im Zyklus wichtig ist, möglichst kleine indizierte Mitteldrücke für die fette Betriebsart zu erschließen: Der steile Anstieg der Kurve für indizierte Mitteldrücke kleiner 5 bar zeigt, dass bereits geringe Verschiebungen der Mitteldruckgrenze große Auswirkungen auf die Lastabdeckung haben, etwa in der Größenordnung von 20 Prozent je bar Mitteldruck (2 l Motor).

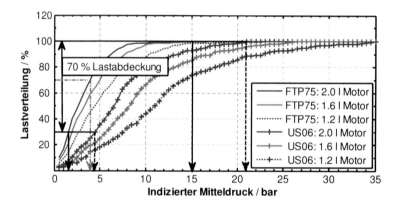

Abbildung 4.1-3: *Simulierte Lastverteilung für „Fahrzeug in Bewegung" der Testzyklen FTP75 und US06 für einen VW Golf V, Schwungmassenklasse 3500 lbs, simuliert für 3 verschiedene Motorengrößen. Fahrzeugstillstände in den Zyklen wurden ausgenommen!*

Setzt man für den US06-Zyklus ein analoges Kriterium an, um eine Aussage für den Hochlastbereich zu erhalten, so liest man in **Abbildung 4.1-3** (gestrichelte Pfeillinien) einen zu realisierenden Mitteldruckbereich von 4.3 bis 21 bar für den 2 l Motor ab.

Die Vereinigungsmenge beider Intervalle ergibt schließlich eine Spanne des indizierten Mitteldruckes von 1.5 bis 21 bar für den 2 l Motor. Beim 1.2 l Motor ergibt sich analog eine Spanne von 2.7 bis 35 bar Mitteldruck, wegen der Übersichtlichkeit hier nicht eingezeichnet.

Die Drehzahlverteilung stellt sich unabhängig von der Motorgröße immer gleich dar. Im FTP75-Zyklus erstreckt sich der Motordrehzahlbereich von etwa 1200 bis 2200 min^{-1}, während er im US06-Zyklus im Bereich von 1200 bis 2600 min^{-1} liegt. Die

Vereinigungsmenge erstreckt sich damit auf den Drehzahlbereich von 1200 bis 2600 min⁻¹, womit sich über 95 Prozent aller Drehzahlen abdecken lassen. *Abbildung 4.1-5* zeigt diese Zusammenhänge.

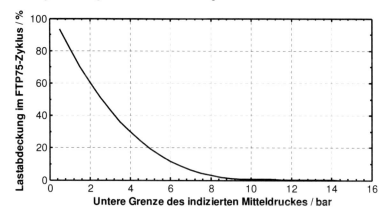

Abbildung 4.1-4: Lastabdeckung im FTP75-Zyklus in Abhängigkeit von einem nach unten begrenztem indiziertem Mitteldruck für einen VW Golf V mit 2 l Motor, Schwungmassenklasse 3500 lbs, simuliert.

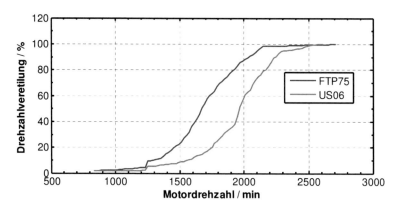

Abbildung 4.1-5: Drehzahlverteilung für „Fahrzeug in Bewegung" der Testzyklen FTP75 und US06 für einen VW Golf V, Schwungmassenklasse 3500 lbs. Fahrzeugstillstände in den Zyklen wurden ausgenommen!

4.2 Anforderung an das Motorabgas

Wie bereits in Kapitel 2 beschrieben, ist für die Regeneration eines NO_X-Speicherkatalysators eine reduzierende Abgaszusammensetzung erforderlich. Für die Regeneration sind die Komponenten H_2 und CO besonders wirksam. Kohlenwasserstoffe dagegen sind reaktionsträger und erreichen kleinere Umsetzungsgrade. Der Restsauerstoffanteil des Abgases sollte ebenfalls möglichst gering sein. Diese Voraussetzungen werden durch das Abgas einer fetten Verbrennungsführung erfüllt.

Das Luftverhältnis ist einer er wichtigsten Parameter der Prozessführung. Es lässt sich über Stoffmassen definieren und ist das Verhältnis von verfügbarem zu benötigtom Sauerstoff:

$$\lambda := \frac{\left(\dfrac{m_O}{m_{Bst}}\right)}{o_{min}} = \frac{m_O}{o_{min} \cdot m_{Bst}} = \frac{\left(\dfrac{m_{Luft}}{m_{Bst}}\right)}{l_{min}} = \frac{m_{Luft}}{l_{min} \cdot m_{Bst}} . \qquad \text{Gl. 4.2-1}$$

wobei o_{min} bzw. l_{min} der Sauerstoffmindestbedarf bzw. der Luftmindestbedarf ist, der sich nach [4.3] wie folgt berechnet:

$$o_{min} = 2.6641 \cdot Y_C^{Bst} + 7.9366 \cdot Y_H^{Bst} + 0.9980 \cdot Y_S^{Bst} - Y_O^{Bst} , \qquad \text{Gl. 4.2-2a}$$

bzw.

$$l_{min} = \frac{1}{Y_O^{Luft}} \cdot (2.6641 \cdot Y_C^{Bst} + 7.9366 \cdot Y_H^{Bst} + 0.9980 \cdot Y_S^{Bst} - Y_O^{Bst}) . \qquad \text{Gl. 4.2-2b}$$

Die Größen Y_i mit $i = C, H, O, S$ bezeichnen dabei die Massenanteile von Kohlenstoff, Wasserstoff, Sauerstoff und Schwefel.

Das Luftverhältnis λ nimmt Werte von null (reiner Brennstoff) bis unendlich (reine Luft) an. Mit dem Parameter λ lässt sich für den Fall der vollständigen Verbrennung folgende Reaktionsgleichung für Kohlenwasserstoffe aufstellen:

$$C_{A_C}H_{A_H}O_{A_O} + (\lambda \cdot O_{2,min})O_2 + (\lambda \cdot O_{2,min}\frac{x_{N_2}^{Luft}}{x_{O_2}^{Luft}})N_2 \rightarrow$$

$$A_C CO_2 + \frac{A_H}{2}H_2O + ((\lambda-1) \cdot O_{2,min})O_2 + (\lambda \cdot O_{2,min}\frac{x_{N_2}^{Luft}}{x_{O_2}^{Luft}})N_2 . \qquad \text{Gl. 4.2-3}$$

Die Größen A_i mit i = C, H, O bezeichnen dabei die Atomzahlen von Kohlenstoff, Wasserstoff und Sauerstoff innerhalb des Brennstoffmoleküls [4.4], x_i^{Luft} mit i = N_2, O_2 die Stoffmengenanteile von Stickstoff und Sauerstoff an der Umgebungsluft. Im Allgemeinen treten im Verbrennungsgas über die in den Gleichungen 4.2-2 genannten Komponenten (CO_2, H_2O, N_2, O_2) hinaus noch weitere auf. Dies ist darin begründet, dass es bei hohen Temperaturen zu Dissoziationsreaktionen zwischen den Komponenten kommt [4.2], [4.5], [4.6]. Diese Reaktionen sind bei hohen Temperaturen so schnell, dass sich näherungsweise chemisches Gleichgewicht einstellt. Im Wesentlichen handelt es sich dabei um folgende Reaktionen, mit den jeweiligen dimensionsbehafteten Gleichgewichtskonstanten:

$$CO + 0.5O_2 \leftrightarrow CO_2 \qquad \hat{K}_{p1} = \frac{p_{CO_2}}{p_{CO} \cdot \sqrt{p_{O_2}}} \qquad \text{Dissoziation des Kohlendioxids} \qquad \text{Gl. 4.2-4}$$

$$H_2 + 0.5O_2 \leftrightarrow H_2O \qquad \hat{K}_{p2} = \frac{p_{H_2O}}{p_{H_2} \cdot \sqrt{p_{O_2}}} \qquad \text{Dissoziation des Wassers} \qquad \text{Gl. 4.2-5}$$

$$\dot{O}H + 0.5H_2 \leftrightarrow H_2O \qquad \hat{K}_{p3} = \frac{p_{H_2O}}{p_{OH} \cdot \sqrt{p_{H_2}}} \qquad \text{Dissoziation mit Hydroxylbildung} \qquad \text{Gl. 4.2-6}$$

$$H_2 \leftrightarrow \dot{H} + \dot{H} \qquad \hat{K}_{p4} = \frac{p_H}{\sqrt{p_{H_2}}} \qquad \text{Dissoziation des Wasserstoffs} \qquad \text{Gl. 4.2-7}$$

$$O_2 \leftrightarrow \dot{O} + \dot{O} \qquad \hat{K}_{p5} = \frac{p_O}{\sqrt{p_{O_2}}} \qquad \text{Dissoziation des Sauerstoffs} \qquad \text{Gl. 4.2-8}$$

$$N_2 \leftrightarrow \dot{N} + \dot{N} \qquad \hat{K}_{p6} = \frac{p_N}{\sqrt{p_{N_2}}} \qquad \text{Dissoziation des Stickstoffs} \qquad \text{Gl. 4.2-9}$$

Zwischen der dimensionsbehafteten und der dimensionslosen Gleichgewichtskonstanten besteht folgende Beziehung [4.2]:

$$\hat{K}_p = K_p \cdot p_0^{\Delta v} . \qquad \text{Gl. 4.2-10}$$

die dimensionslose Gleichgewichtskonstante ist allgemein wie folgt definiert:

$$K_p := \frac{p_E^{v_E} \cdot p_F^{v_F} \cdots}{p_0^{\Delta v} \cdot p_A^{v_A} \cdot p_B^{v_B} \cdots} . \qquad \text{Gl. 4.2-11}$$

dabei sind die p_i die Partialdrücke der Endprodukte (i = E, F usw. siehe Zähler von Gleichung 4.2-11) bzw. der Ausgangsstoffe (i = A, B, C usw. siehe Nenner von Gleichung 4.2-11) und Δv die Stoffmengendifferenz zwischen den Endprodukten und Ausgangsstoffen bei der betrachteten Reaktion. Die Gleichgewichtskonstante lässt sich für die betrachtete Reaktion über die freie molare Standard-Reaktionsenthalpie $\Delta^R G^0_m$ berechnen [4.2]:

$$K_p = \exp\left(\frac{-\Delta^R G^0_m(T)}{R_m T}\right).$$ Gl. 4.2-12

Die freie molare Standard-Reaktionsenthalpie $\Delta^R G^0_m$ gewinnt man über Polynoman-sätze aus den molaren freien Standardenthalpien [4.8]. Die verbreitesten Polynom-ansätze zur Berechnung von Wärmekapazitäten, Enthalpie und Entropie sind die sogenannten NASA-Polynome, deren Koeffizienten man für verschiedene Stoffe in [4.7] findet.

Das Verbrennungsgas besteht nach dieser Formulierung aus den Komponenten CO, CO_2, H_2, H_2O, H, OH, O, O_2, N und N_2. Es sind damit 10 Komponenten, die ermittelt werden müssen. Mit den Gleichungen 4.2-4 bis 4.2-9 stehen bisher nur 6 Gleichun-gen zur Verfügung, die restlichen 4 benötigten Gleichungen ergeben sich aus den Elementbilanzen [4.6].

$$r_{pHpC} = \frac{2 \cdot p_{H_2} + 2 \cdot p_{H_2O} + p_H + p_{OH}}{p_{CO} + p_{CO_2}}$$ Gl. 4.2-13

ist das Verhältnis der Partialdrücke der wasserstoffhaltigen Komponenten zu denen der kohlenstoffhaltigen Komponenten. Analoge Verhältnisse lassen sich für Sauer-stoff zu Kohlenstoff und Stickstoff zu Kohlenstoff angeben:

$$r_{pOpC} = \frac{p_{CO} + 2 \cdot p_{CO_2} + p_{H_2O} + p_{OH} + p_O + 2p_{O_2}}{p_{CO} + p_{CO_2}},$$ Gl. 4.2-14

$$r_{pNpC} = \frac{2 \cdot p_{N_2} + p_N}{p_{CO} + p_{CO_2}}.$$ Gl. 4.2-15

Für diese Verhältnisse r_{pHpC}, r_{pOpC}, r_{pNpC} lassen sich aus der Brennstoffzusammen-setzung und dem betrachteten Luftverhältnis weitere Beziehungen angeben [4.6]:

$$r_{pHpC} = \frac{A_H}{A_C},$$ Gl. 4.2-16

$$r_{pOpC} = \frac{2 \cdot \lambda \cdot O_{2,min} + A_O}{A_C} \quad und$$ Gl. 4.2-17

$$r_{pNpC} = \frac{2 \cdot \lambda \cdot O_{2,min}}{A_C} \cdot \frac{x_{N_2}^{Luft}}{x_{O_2}^{Luft}}.$$ Gl. 4.2-18

Schließlich muss noch der Gesamtdruck gleich der Summe der Partialdrücke sein:

$$p = p_{CO} + p_{CO_2} + p_{H_2} + p_{H_2O} + p_H + p_{OH} + p_O + p_{O_2} + p_{N_2} + p_N.$$ Gl. 4.2-19

Somit stehen nun genügend Gleichungen zur Verfügung, um dieses nichtlineare Gleichungssystem zu lösen.

Dieses Gleichungssystem ist im Rahmen dieser Arbeit mittels eines Newton-Verfahrens [4.9], [4.10] mit dem Programmsystem MATLAB^{TM} numerisch gelöst worden. Die folgende **Abbildung 4.2-1** zeigt die Ergebnisse der numerischen Berechnung für die bzgl. der NO_X-Speicherkatalysator-Regeneration zwei wichtigen Abgaskomponenten, nämlich Kohlenmonoxid und Wasserstoff, in Abhängigkeit der Temperatur und des Luftverhältnisses.

Auffällig ist, dass bereits eine moderate Unterschreitung des Luftverhältnisses von 1 bei Temperaturen größer 1000 K einen signifikanten Anstieg der beiden Abgaskomponenten Kohlenmonoxid und Wasserstoff bewirkt. Mit der Temperatur des Arbeitsgases ändert sich nicht nur dessen Zusammensetzung im Gleichgewichtszustand, sondern auch die Reaktionsgeschwindigkeiten mit denen die Reaktionen diesem Zustand entgegen streben. Sie verändern sich dahingehend, dass die Reaktionsgeschwindigkeiten mit kleiner werdender Temperatur immer geringer werden. Beim Motorprozess durchläuft das Arbeitsgas Maximalwerte in der Verbrennungsphase von lokal über 2800 K und kühlt sich nach Verbrennungsende durch Mischungs-, Expansions- und Wärmeaustauschprozesse fortlaufend ab. Bei einem Temperaturniveau von etwa 1700 bis 1800 K werden die Reaktionsgeschwindigkeiten so gering, dass der temperaturabhängige Gleichgewichtszustand nicht mehr erreicht wird, die Reaktion „friert ein" [4.2]. Das vom Motor emittierte Rohabgas zeigt in etwa eine Zusammensetzung, wie es dem Gleichgewichtszustand bei einer Temperatur von 1700 bis 1800 K entspricht.

Anhand von **Abbildung 4.2-2** erkennt man deutlich, dass sich bereits bei einem Luftverhältnis von 0.8 ein Stoffmengenanteil für Kohlenmonoxid von ca. 7 Prozent einstellt. Es ist daher nicht nötig den Dieselmotor extrem unterstöchiometrisch zu betreiben.

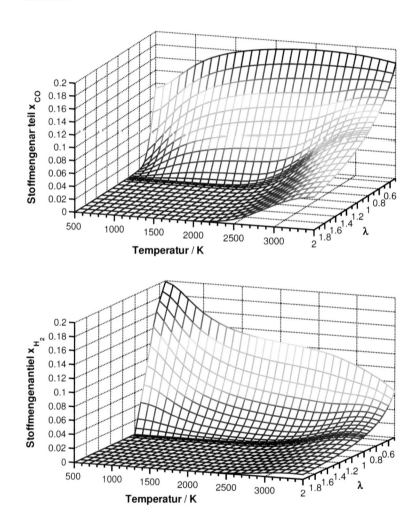

Abbildung 4.2-1: *Gleichgewichtszusammensetzung für die Komponenten CO und H$_2$, für einen Brennstoff mit einem H/C-Verhältnis = 1.893 und einem O / C-Verhältnis = 0, p$_0$ = 1.0 bar.*

Eine Prozessführung die sich mit dem Luftverhältnis im fetten Bereich zwischen den Grenzen 0.85 bis 0.98 bewegt, bewirkt ein ausreichendes Reduktionsmittelangebot, um die in Kapitel 2 angesprochenen Stoffmengenanteile hinsichtlich Kohlenmonoxid (ca. 1 bis 5 Volumenprozent) und Wasserstoff (ca. 0.3 bis 2 Volumenprozent) zu erfüllen

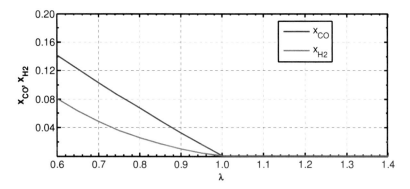

Abbildung 4.2-2: *Temperaturschnitt bei 1750 K der Gleichgewichtszusammensetzung für die Komponente CO und H_2, für einen Brennstoff mit einem H/C-Verhältnis = 1.893 und einem O / C-Verhältnis = 0, $p_0 = 1.0$ bar.*

4.3 Vergleichsprozesse für den DeNOx-Betrieb

4.3.1 Konventionen

In den vorangegangenen Abschnitten wurde festgestellt, dass für die NO_x -Reduktion im NSK vom Motor eine Abgaszusammensetzung geliefert werden muss, die einem Luftverhältnis von etwa 0.85 bis 0.98 entspricht. Dieser Wert muss innerhalb einer Mitteldruckspanne von ca. 1.8 bis 21 bar vom Verbrennungsmotor eingehalten werden können, wenn man einen Motor mit 2 l Hubraum für diese Betrachtung zu Grunde legt.

Dieses Unterkapitel beschäftigt sich daher mit der Frage, welche grundlegenden Prozesseigenschaften ein Dieselprozess hat, der global mit λ kleiner 1 geführt wird, bzw. wie der Prozess zu gestalten ist, um die oben genannten Ziele hinsichtlich Abgaszusammensetzung (λ) und Betriebszustand (n, p_{mi}) zu erreichen.

Hierzu wird ein erweiterter Gleichraumprozess definiert, der auf dem bekannten Gleichraumprozess eines vollkommenen Motors, wie er durch DIN 1940 festgelegt ist [4.2], aufbaut. Nach DIN 1940 werden für den vollkommenen Motor folgende Randbedingungen festgelegt, hier in der Fassung nach [4.2]:

- *vollkommene Füllung des Zylindervolumens im UT mit reiner, restgasfreier Ladung*
- *gleiches Luftverhältnis, wie der reale Motor*
- *gleiches Verdichtungsverhältnis, wie der reale Motor*
- *vollständige Verbrennung*
- *idealer Verbrennungsablauf nach vorgegebener Gesetzmäßigkeit (Gleichraum / Gleichdruck)*
- *wärmedichte Wandungen (adiabate Zustandsänderung)*
- *keine Strömungs- und Undichtigkeitsverluste*
- *idealer Ladungswechsel (d.h. beim Viertaktmotor arbeitsfreie Ladungswechselschleife)*
- *Zustandswerte im Zylinder zu Kompressionsbeginn wie im Ansaugbehälter (ungedrosselt)*
- *keine Reibungskräfte im Arbeitsgas (entspr. isentroper Verdichtung und Expansion)*
- *Zylinderladung wird einheitlich als ideales Gasgemisch angenommen*

- Berücksichtigung der realen Stoffeigenschaften, wie Temperaturabhängigkeit der spezifischen Wärmekapazität, Stoffdissoziation, chemischen Gleichgewichte

Der Prozess des vollkommenen Motors mit Gleichraumverbrennung nach **Abbildung 4.3-1** läuft wie folgt ab:

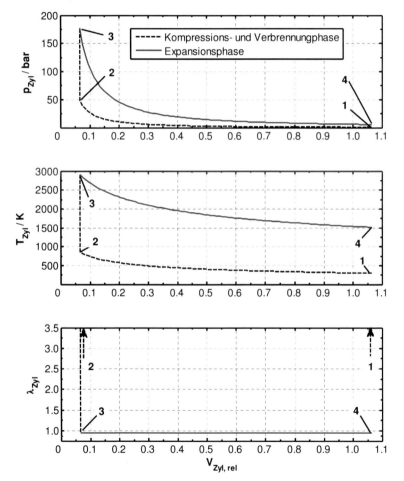

Abbildung 4.3-1: *Maßstäbliche Darstellung von p_{Zyl}, T_{Zyl} und λ_{Zyl} über dem relativen Zylindervolumen $V_{Zyl,\,rel}$ eines vollkommenen Motors, einfache Verbrennung: offener Gleichraumprozess, Hochdruckteil: $\varepsilon = 16.5$, $T_1 = 298.15$ K, $p_1 = 1.0$ bar, $\lambda = 0.95$, $Y_{RG} = 0.06$, H/C-Verhältnis = 1.893.*

1 → 2: Isentrope Verdichtung, 2 → 3: Isochore Verbrennung, 3 → 4: Isentrope Expansion.

Die Gleichungen [4.2] eines solchen offenen Vergleichsprozesses lassen sich nur numerisch lösen. Hierzu werden die Stoffzusammensetzungen im chemischen Gleichgewicht nach Kapitel 4.2 benötigt. Dies erfolgte im Rahmen dieser Arbeit mit Hilfe des Progammsystem MATLAB^{TM}.

Da dieser Prozess aufgrund seiner unflexiblen Randbedingungen (nur die Prozessparameter ε, λ, stehen zur Verfügung; T_1 und p_1 sind durch die Standardbedingungen festgelegt) für die folgenden Untersuchungen nicht geeignet ist, wird auf dieser Basis ein erweiterter Gleichraumprozess definiert. Es gelten zusätzlich folgende Konventionen:

- *Das Frischgas vor der Verbrennung besteht aus Abgas und Luft.*
- *Das Abgas hat das gleiche Luftverhältnis wie es dem Luftverhältnis λ_4 am Ende des Prozesses entspricht.*
- *Das Frischgas, d.h. das Gemisch aus Abgas und Luft, enthält auch bei unterstöchiometrischem Abgas keine reaktiven Komponenten (magere Gasmischung im chemischen Gleichgewicht).*
- *Das Druck- und Temperatur-Niveau im Ansaugbehälter ist frei wählbar und entspricht den Zuständen im Punkt 1 des Hochdruckprozesses.*
- *Das Druck-Niveau im Abgassammler wird in Abhängigkeit des Saugrohrdruckes berechnet.*
- *Die Ladungswechselarbeit ergibt sich ausschließlich aus den Drücken p_1 und p_5 (keine Drosselverluste über die Ein- und Auslass-Ventile).*
- *Es sind 2 isochore Verbrennungsvorgänge darstellbar, von dem der erste stets im oberen Totpunkt abläuft. Der zweite Verbrennungsvorgang wird nach einer weiteren Einspritzung an einer frei wählbaren Stelle in der Expansionsphase ausgelöst.*

Einen solchen Hochdruckprozess zeigt **Abbildung 4.3-2**. Er gliedert sich in folgende Etappen: 1 → 2: Isentrope Verdichtung, 2 → 3: Isochore 1.Verbrennung, (mageres Verbrennungsgas), 3 → 3': Isentrope Expansion mit magerem Verbrennungsgas, 3' → 3'': Isochore 2.Verbrennung (fettes Verbrennungsgas), 3'' → 4: Isentrope Expansion mit fettem Verbrennungsgas. Dieser Prozess erfordert eine Anpassung der

aus [4.2] bekannten Berechnungsgleichungen, siehe hierzu Anhang A. Der Gleichraumprozess, hier mit zweifacher Wärmezufuhr, wurde als Vergleichsprozess gewählt weil die einzelnen Wärmefreisetzungen unendlich schnell erfolgen. Hierdurch
reduziert ich sich die Parametervielfalt, da keine Größen eingeführt werden müssen,
die die Dauer der jeweiligen Wärmezufuhr beschreiben.

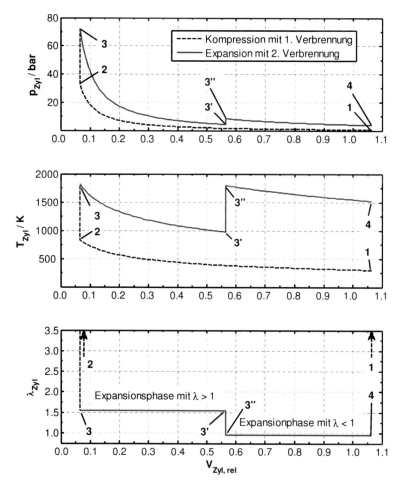

Abbildung 4.3-2: *Maßstäbliche Darstellung der Verläufe von p_{Zyl} ,T_{Zyl} und λ_{Zyl} über
dem relativen Zylindervolumen $V_{Z,rel}$ eines vollkommenen Motors,
unterteilte Verbrennung: Offener Gleichraumprozess, Hochdruck-
teil: $\varepsilon = 16.5$, $T_1 = 298.15$ K, $p_1 = 0.7$ bar, $\lambda = 0.95$, $Y_{RG} = 0.25$,
H/C-Verhältnis $= 1.893$, $\beta = 0.5$, $X_{3'} = 0.5$*

Des Weiteren lässt sich über die Definition des Brennverlaufsschwerpunktes einer realen Verbrennung, siehe weiter unten, das Verbrennungsereignis auf einen einzigen Punkt reduzieren. Hierzu ersetzt man gedanklich die Wärmemenge, die bei der realen Verbrennung über einen gewissen Kurbelwinkelbereich freigesetzt wird, durch eine gleich große, die augenblicklich bei dieser Kolbenstellung freigesetzt wird. Dies sind exakt die Bedingungen einer Gleichraumverbrennung. Somit ist lassen sich realer Motorprozess und Ersatzprozess gut vergleichen.

Man erhält für diesen Prozess insgesamt 7 Prozessparameter; dies sind im Einzelnen:

- *das Verdichtungsverhältnis ε*
- *das globale Luftverhältnis λ_4*
- *der Parameter β (in der ersten Verbrennung umgesetzter Brennstoffanteil)*
- *die relative Kolbenposition $X_{3'}$ bei der die zweite Verbrennung stattfindet*
- *der Anteil an rückgeführtem Abgas Y_{RG} (enthält sowohl die äußere als auch die innere rückgeführte Abgasmasse)*
- *der Druck p_1 zu Prozessbeginn (entspricht dem Gasdruck im Ansaugbehälter)*
- *die Temperatur T_1 zu Prozessbeginn (entspricht der Gastemperatur im Ansaugbehälter)*

Neu eingeführte Parameter sind hierbei der Anteil β, das ist der in der ersten Verbrennung umgesetzte Anteil an der gesamten Brennstoffmasse:

$$\beta := \frac{m_{B3}}{m_{B4}}, \qquad\qquad \text{Gl. 4.3-1}$$

sowie der relative Kolbenweg $X_{3'}$, zur Lageangabe der zweiten Verbrennung. Es gilt:

$$X_{3'} := \frac{x_{3'}}{H}. \qquad\qquad \text{Gl.4.3-2a}$$

Hierbei ist $x_{3'}$ die momentane Kolbenposition im Punkt 3' und H der maximale Kolbenhub. Relativer Kolbenweg X und relatives Zylindervolumen $V_{Zyl,rel}$, wie es in den Diagrammen verwendet wird, stehen zueinander in folgender Beziehung:

$$V_{Zyl,rel} = X + \frac{1}{\varepsilon - 1} \qquad\qquad \text{Gl.4.3-2b}$$

Die Restgasrate Y_{RG} ist definiert als das Verhältnis von rückgeführtem Abgas (internes und externes Abgas) zur gesamten Frischgasladungsmasse:

$$Y_{RG} := \frac{m_{RG}}{m_{Luft} + m_{RG}} = \frac{m_{RG}}{m_{FG}} .$$ Gl.4.3-3

Heutige Dieselmotoren sind fast ausnahmslos mit Abgasturboaufladung ausgerüstet, daher wird auch hier der Gasdruck p_5 im Abgassammelbehälter als Druck vor der Abgasturbine angesehen.

In Abhängigkeit des Druckes p_1 wird über das Leistungsgleichgewicht zwischen Verdichter und Turbine der Druck p_5 berechnet. Nach [4.11] verknüpft die hieraus gewonnene „Erste Turbolader Hauptgleichung" das Ladedruckverhältnis mit dem Abgasdruckverhältnis:

$$\frac{p_{2V}}{p_{1V}} = \left[1 + \varsigma \cdot \frac{c_{p,Abgas}}{c_{p,Luft}} \cdot \left(1 - \frac{p_6}{p_5} \right)^{\frac{\kappa_{Abgas} - 1}{\kappa_{Abgas}}} \right]^{\frac{\kappa_{Luft}}{\kappa_{Luft} - 1}} .$$ Gl.4.3-4

Zur Erklärung der Zustände 1V, 2V, 5 und 6 siehe Abbildung A-1 in Anhang A.

Dabei ist ς die sogenannte Turboladerkennziffer, die sich wie folgt berechnet:

$$\varsigma = \frac{T_5}{T_{1V}} \cdot \frac{\dot{m}_{Turb}}{\dot{m}_{Verd}} \cdot \eta_{ATL} .$$ Gl.4.3-5

Für die Berechnung von p_5 wird ein konstanter absoluter Druck p_6 nach Turbine von 1.3 bar angenommen, denn aufgrund von Strömungswiderständen in der Abgasanlage (Partikelfilter, Katalysatoren, Schalldämpfer) verlässt das Gas nicht beim Umgebungsdruckniveau p_{amb} die Turbine. Die hier getroffene Annahme basiert auf einem Mittelwert aus Motorprüfstandsmessungen für den nach Kapitel 4.1 relevanten De-NOx-Betriebsbereich.

Damit ergibt sich für die Vergleichsprozesse folgender Abgasdruck nach Motor (p_5), siehe **Abbildung 4.3-3**. Die Temperatur T_5 wird hier über die Thermodynamik des vollkommenen Motor berechnet, siehe Anhang A. Der Druck p_{1V} entspricht dem Druck vor Verdichter, der hier gleich dem konstanten Umgebungsdruckniveau von $p_{amb} = 1.013$ bar gesetzt wird. Der Druck p_{2V} ist der Druck nach dem Verdichter und entspricht dem frei wählbaren Druck p_1 im Zylinder bei Prozessbeginn. Dies gilt falls p_1 größer als p_{amb} ist. Im Fall, dass ein Druck p_1 kleiner p_{amb} gewünscht wird, gilt $p_{2V} = p_{1V} = p_{amb}$. Dies ist im angedrosselten Motorbetrieb der Fall.

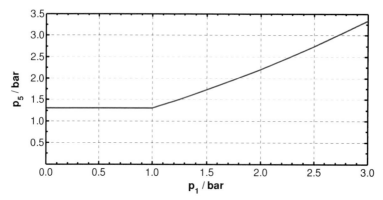

Abbildung 4.3-3: Abgasdruck nach Motor in Abhängigkeit vom Prozessanfangsdruck p_1, gemäß Gleichung 4.3-4, Turboladerkennziffer $\zeta = 1.5$, Isentropenexponenten $\kappa_{Abgas} = 1.3$, $\kappa_{Luft} = 1.4$, sowie ein Verhältnis der Wärmekapazitäten $c_{p,Abgas} / c_{p,Luft} = 1.24$.

4.3.2 Übertragbarkeit auf den realen Motor

Die Übertragbarkeit von grundlegenden Prozesseigenschaften, die anhand von idealisierten Vergleichsprozessen gewonnen wurden, sind durchaus auf den realen Motor übertragbar. Dies ist insbesondere für die Lastanforderung nach Kapitel 4.1 bedeutend, da hier die Forderung nach sehr kleinen indizierten Mitteldrücken des realen Motors für eine gute Abdeckung des Lastspektrums besteht. Der vollkommene Motor liefert wegen seiner idealen Randbedingungen grundsätzlich höhere Mitteldrücke und Wirkungsgrade als der reale Motor. Wirkungsgrade bzw. indizierte Mitteldrücke des realen Motors und des vollkommenen Motors korrelieren im Hochdruckteil sehr gut miteinander, wenn man für den Vergleich folgende Randbedingungen gleichstellt:

- *das Verdichtungsverhältnis ε*
- *das globale Luftverhältnis λ_4*
- *der Druck p_1 und die Temperatur T_1 zu Prozessbeginn*
- *der Restgasanteil Y_{RG}*
- *der Schwerpunkt des Brennverlaufs*

Insbesondere der letzte Punkt ist von entscheidender Bedeutung. Der Schwerpunktwinkel eines realen Brennverlaufs, siehe **Abbildung 4.3-4**, berechnet sich wie folgt:

$$\alpha_{SPBV} = \frac{1}{Q_{B,ges}} \cdot \int_{BB}^{BE} \frac{dQ_B}{d\alpha} \cdot \alpha \cdot d\alpha .$$ Gl. 4.3-6

Der Winkel des Brennverlaufsschwerpunktes α_{SPBV} lässt sich in eine relative Kolben-stellung X_{SPBV} des Brennverlaufsschwerpunktes umrechnen. Führt man die Prozess-rechnung des vollkommenen Motors vereinfachend auf die Weise durch, dass sich die gesamte Brennstoffmenge über eine einzelne Verbrennung in diesem Punkt X_{SPBV} umsetzt, so bedeutet dies für die Parameter β und $X_{3'}$ des vollkommenen Mo-tors, dass $\beta = 0$ (kein Brennstoffumsatz über die erste im OT stattfindende Verbren-nung) sowie $X_{3'} = X_{SPBV}$ ist. Der auf die Kolbenstellung bezogene Brennverlaufs-schwerpunkt $X_{SPBV,v}$ des vollkommenen Motors berechnet sich im Allgemeinen zu

$$X_{SPBV,v} = (1-\beta) \cdot X_{3'} .$$ Gl. 4.3-7

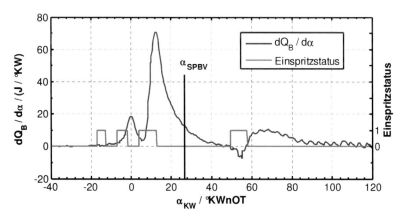

Abbildung 4.3-4: *Brennverlauf eines realen Dieselmotors im DeNOx-Betrieb; n = 1750 / min, $p_{mi,HDP}$ = 8.71 bar, λ_4 = 0.94, α_{SPBV} = 26.8 °KW nach OT, X_{SPBV} = 0.071, kein Verdampfungsmodell aktiv.*

Wertet man eine Vielzahl von realen Brennverläufen aus und berechnet unter den oben genannten Randbedingungen den zugehörigen Hochdruckprozess des voll-kommenen Motors, so ergibt sich bereits eine sehr gute Korrelation, wie es in **Abbildung 4.3-5** dargestellt ist. Der Wirkungsgrad des realen Motors ist gegenüber dem des vollkommenen Motors im Wesentlichen um einen konstanten Betrag von etwa $\Delta\eta_{v,HDP}$ = 0.105 zu kleineren Wirkungsgraden hin verschoben (Steigung der Regressionsgeraden beträgt etwa 1.0). Eine gewisse Streuung ist zum Teil auf die bei diesem Vergleich getroffene Vereinfachung ß = 0 und $X_{3'} = X_{SPBV}$ zurückzuführen. Es lässt sich zeigen, dass die Schwerpunktlage der Verbrennung X_{SPBV} auch beim vollkommenen Motor nicht eindeutig den Wirkungsgrad des Hochdruckprozess η_{vHDP} repräsentiert, siehe hierzu auch Abschnitt 4.4.4. Trotz dieser Vereinfachung kann die gezeigte Korrelation als gut bewertet werden.

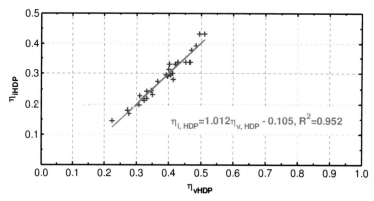

Abbildung 4.3-5: *Gegenüberstellung der Hochdruckprozess-Wirkungsgrade im DeNOx-Betrieb ($\lambda_{global} < 1$): Realer Motor ($\eta_{i,HDP}$) vs. vollkommener Motor ($\eta_{v,HDP}$).*

Die Mitteldrücke des Hochdruckprozesses verhalten sich zueinander wie die Wirkungsgrade, d.h. es gilt:

$$p_{mi,HDP} = p_{mv,HDP} \cdot \frac{1.012 \cdot \eta_{v,HDP} - 0.105}{\eta_{v,HDP}}.$$
Gl. 4.3-8

Mit der Korrelationsgleichung aus **Abbildung 4.3-5** lässt sich daher folgende Näherung für den indizierten Mitteldruck des Hochdruckteils angeben:

$$p_{mi,HDP} \approx p_{mv,HDP} \cdot \left(1 - \frac{0.105}{\eta_{v,HDP}}\right).$$
Gl. 4.3-9

$p_{mv,HDP}$ und $\eta_{v,HDP}$ sind beides Funktionen der oben genannten Parameter, d.h. $p_{mv,HDP} = f (\varepsilon, X_{SPBV}, \lambda_4, Y_{RG}, \lambda_{RG}, p_1, T_1)$ bzw. $\eta_{v,HDP} = f (\varepsilon, X_{SPBV}, \lambda_4, Y_{RG}, \lambda_{RG}, p_1, T_1)$. Somit lässt sich jedem Hochdruckprozessmitteldruck des vollkommenen Motors ein Hochdruckprozessmitteldruck des realen Motors zuordnen. Eine Diskussion wesentlicher thermodynamischer Prozessparameter auf Basis der idealisierten Prozesse des vollkommenen Motors ist daher zulässig und wird nachfolgend vorgestellt.

4.4 Parameterstudien zum DeNOx-Betrieb

4.4.1 Ausgangsbetrachtung

Ein Prozess bei dem der gesamte Brennstoff im oberen Totpunkt über eine einzige Verbrennung umgesetzt wird, d.h. β ist gleich 1, liefert den höchsten Wirkungsgrad und damit auch den höchsten Mitteldruck bei einem gegebenen globalem Luftverhältnis (λ_4). Aus ökonomischer Sicht wäre dieser Prozess anzustreben, birgt aber bei einem Betrieb mit fettem Gemisch Nachteile: Beim Dieselmotor liegt i. A. ein heterogener Gemischbildungs- und Verbrennungsprozess vor, bei dem Rußbildung nicht zu vermeiden ist. Dieser Ruß wird beim mageren Betrieb jedoch größtenteils wieder oxidiert. Beim Betrieb mit global fettem Gemisch liegt nach dem Abschluss der letzten Verbrennung nur eine geringe Konzentration von Rußoxidatoren (OH, O, O_2) vor. Der Rußabbau ist daher extrem eingeschränkt, weshalb einer reduzierten Rußbildung im DeNOx-Betrieb eine entscheidende Rolle zukommt. Nur so kann gewährleistet werden, dass der Rußausstoß des Motors nicht zu stark anwächst und die Partikelfilterbeladung übermäßig gesteigert wird. Des Weiteren ist das Mitteldruckniveau bei leicht fettem Gemisch in einem Prozess mit einfacher Verbrennung sehr hoch und weit entfernt von den in Kapitel 4.1 diskutierten (niedrigen) Mitteldruck-Zielwerten, siehe **Abbildung 4.4-1**.

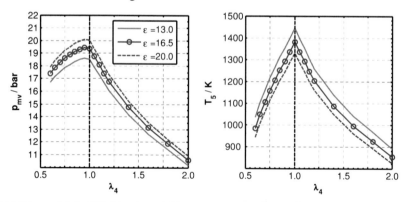

Abbildung 4.4-1: *Mitteldruck und Abgastemperatur des vollkommenen Motors bei verschiedenen Verdichtungsverhältnissen in Abhängigkeit vom Luftverhältnis λ_4. Randbedingungen: $p_1 = 1.0$ bar, $T_1 = 298.15$ K, $p_5 = 1.3$ bar, $\beta = 1$, $X = 0$, $Y_{RG} = 0.06$.*

Eine Qualitätsregelung, d.h. eine Beeinflussung des Gemischheizwertes über variierende globale Luftverhältnisse, wie es im konventionellen mageren Betrieb üblich ist, scheidet hier aus: Die Änderungen im Mitteldruck sind bei einer Variation des globalen Luftverhältnisses knapp unterhalb von 1 zu gering. Ferner ist bei Annäherung an ein Luftverhältnis von 1 mit einer deutlich zunehmenden Abgastemperatur zu rechnen. Das bedeutet einerseits, dass ein schwachlastiger Motorbetrieb mit einer einfachen Verbrennung bei einem Luftverhältnis nahe 1 nicht darstellbar ist. Andererseits müssen Maßnahmen getroffen werden, um die Abgastemperatur und den Rußausstoß des Motors auf einem akzeptablem Niveau zu halten.

4.4.2 Einfluss der Brennstoffmassenaufteilung auf die Rußbildung

Bei der konventionellen Verbrennung im Dieselmotor finden Gemischbildung und Verbrennung simultan statt. Dabei mischt sich eingespritzter Brennstoff sukzessive mit dem umgebenden Brennraumgas. Reiner Brennstoff kann als ein Gemisch mit einem lokalen Luftverhältnis (λ_{loc}) von null aufgefasst werden, das im weiteren Zeitverlauf durch Zumischung von Brennraumgas magerer wird [2.2]. Dabei unterliegt der Brennstoff Aufheizungs- und Verdampfungsprozessen, wodurch das hierdurch entstehende Gemisch zunächst etwas kühler wird als das umgebende Gas. Setzt nun in einem Gemischelement zu einem bestimmten Zeitpunkt die Verbrennung ein, so hängt es von dem bis zu diesem Zeitpunkt erreichten lokalen Luftverhältnis λ_{loc} ab, ob Ruß gebildet wird oder nicht, siehe *Abbildung 4.4-2*. Ruß entsteht letztlich nur, wenn die lokal erreichten Temperaturen innerhalb des grauen Bereiches in *Abbildung 4.4-2* liegen. Die Gemischausgangstemperatur und der Temperaturzuwachs sind hier die wesentlichen Parameter für die Rußbildung. In *Abbildung 4.4-2* sind auch die adiabaten Temperatursprünge bei Verbrennung in Luft eingezeichnet. Das für die Rußbildung besonders kritische Intervall liegt bei einem lokalen Luftverhältnis von ca. 0.4 bis 0.8. Hier werden bei typischen Gemischzuständen im Dieselmotor (nahe dem oberen Totpunkt) lokale, adiabate Temperaturen von 1350 K erreicht und sogar überschritten [4.14]. Wie es *Abbildung 4.4-3* zeigt, ist die obere Grenze des kritischen Luftverhältnis-Intervalls druckabhängig und verschiebt sich mit steigendem Druck zu höheren Werten.

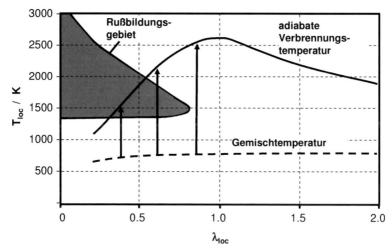

Abbildung 4.4-2: *Rußbildungsgebiet in Abhängigkeit vom lokalen Luftverhältnis und der lokalen Temperatur nach [4.14] (verändert). Senkrechte Pfeile geben den adiabaten Temperatursprung bei Verbrennung in reiner Luft an.*

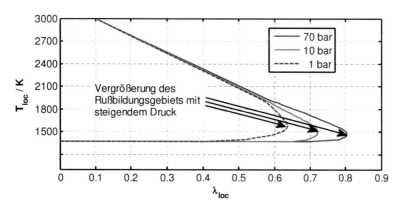

Abbildung 4.4-3: *Druckabhängigkeit des für die Rußbildung kritischen lokalen Luftverhältnisses in C_2-H_4-Flammen nach [4.14] (verändert).*

Um den Einfluss von Gemischzusammensetzung und Temperatur des Ausgangsgases auf das lokale Luftverhältnis sowie die erzielten Temperaturen und damit die Lage im Rußbildungsdiagramm zu quantifizieren, soll im Weiteren die Prozessabfolge eines zur Verbrennung gelangenden Gemischelementes thermodynamisch verfolgt werden, siehe hierzu **Abbildung 4.4-4**. Das Umgebungsgas besitzt eine Temperatur T_{VG1} und ein Luftverhältnis λ_{VG1} (für reine Luft wäre λ_{VG1} gleich unendlich). Im Motor entspricht dies den Zuständen unmittelbar vor einer Verbrennung. Im erweiterten Vergleichsprozess sind es -je nach betrachteter Verbrennung- die Punkte 2 oder 3'.

Im Gemischelement können theoretisch 2 Fälle des Reaktionsweges eintreten:

Im ersten Fall ist die gesamte Verbrennungsgasmasse m_{VG1} in die Reaktion mit dem Brennstoffelement m_{B12} involviert; es stellt sich ein neues Verbrennungsgas mit λ_{VG2} ein. Im betrachteten Gemischelement herrscht chemisches Gleichgewicht zwischen allen Komponenten.

Im zweiten Fall reagiert das Brennstoffelement m_{B12} nur mit der in der Verbrennungsgasmasse m_{VG1} enthaltenen Restluftmasse $m_{ueL,VG1}$. Der stöchiometrische Anteil $m_{stoech,VG1}$ des Ausgangsgases m_{VG1} wirkt dabei für die Reaktion wie ein inertes Gas. Ist λ_{VG1} kleiner gleich 1, so tritt keine Reaktion ein, sondern es liegt als Resultat nur ein Gemisch aus Brennstoffdampf und Verbrennungsgas vor.

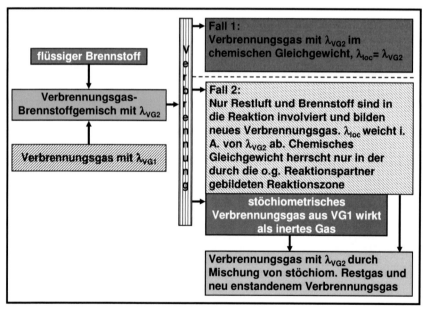

Abbildung 4.4-4: Schema der möglichen Einzelprozessabfolgen eines reagierenden Gemischelementes.

Betrachtet man diesen Prozess als isobar und adiabat, so lautet der erste Hauptsatz der Thermodynamik unter Verwendung von absoluten Enthalpien [4.12] für den Fall 1:

$$m_{VG2} \cdot h_{VG2}(\lambda_{VG2}, T_{VG2}) = m_{VG1} \cdot h_{VG1}(\lambda_{VG1}, T_{VG1}) + m_{B12} \cdot h_B(T_{B1}).$$ Gl. 4.4-1

Nach Umstellung der Gleichung erhält man:

$$\left(1 + \frac{m_{B12}}{m_{VG1}}\right) \cdot h_{VG2}(\lambda_{VG2}, T_{VG2}) = h_{VG1}(\lambda_{VG1}, T_{VG1}) + \frac{m_{B12}}{m_{VG1}} \cdot h_B(T_{B1}).$$ Gl. 4.4-2

Die Quotienten der Massen ergeben sich aus der Massenerhaltung: $m_{VG2} = m_{VG1} + m_{B12}$.

Für den Fall 2 lautet der erste Hauptsatz:

$$m_{stoech,VG} \cdot h_{VG,stoech}(\lambda_{stoech}, T_{VG2}) + m_{VG,loc} \cdot h_{VG,loc}(\lambda_{loc}, T_{VG2})$$
$$= m_{VG1} \cdot h_{VG1} \cdot (\lambda_{VG1}, T_{VG1}) + m_{B12} \cdot h_B(T_{B1}).$$ Gl. 4.4-3

In Gleichung 4.4-3 ist λ_{stoech} gleich 1. Nach Umstellung der Gleichung 4.4-3 erhält man unter Verwendung der o. g. Massenerhaltung die Gleichung 4.4-4:

$$\left(1 - \frac{m_{ueL,VG1}}{m_{VG1}}\right) \cdot h_{stoech,VG1}(\lambda_{stoech}, T_{VG2}) + \left(\frac{m_{B12}}{m_{VG1}} + \frac{m_{ueL,VG1}}{m_{VG1}}\right) \cdot h_{VG,loc}(\lambda_{loc}, T_{VG2})$$
$$= h_{VG1}(\lambda_{VG1}, T_{VG1}) + \frac{m_{B12}}{m_{VG1}} \cdot h_B(T_{B1}).$$ Gl. 4.4-4

Die absolute massenspezifische Brennstoffenthalpie h_B für flüssigen Brennstoff lässt sich aus einem Ansatz für die spezifische Wärmekapazität für den flüssigen Brennstoff und der massenspezifischen Bildungsenthalpie berechnen; letztere errechnet sich aus dem Heizwert und der Molmasse des Brennstoffs, siehe hierzu Anhang C. Die Verbrennungsgas-Enthalpien berechnen sich nach dem OHC-Gleichgewicht, gemäß den Ausführungen in Kapitel 4.2.
Die zur Auswertung der Gleichungen 4.4-2 und 4.4-4 benötigten Massenverhältnisse gewinnt man aus den Beziehungen für das betrachtete Verbrennungsluftverhältnis. Für beide Fälle gilt für die Berechnung des Lufthältnisses λ_{VG2}:

$$\lambda_{VG2} = \frac{\dfrac{\lambda_{VG1} l_{min}}{1 + \lambda_{VG1} l_{min}}}{\left(\dfrac{1}{1 + \lambda_{VG1} l_{min}} + \dfrac{m_{B12}}{m_{VG1}}\right) \cdot l_{min}}.$$ Gl. 4.4-5

Für den Fall 1 ist das lokale und für die Reaktion relevante Luftverhältnis λ_{loc1} identisch mit dem Luftverhältnis λ_{VG2}. Hieraus lässt sich Gleichung 4.4-6 ableiten:

$$\frac{m_{B12}}{m_{VG1}} = \frac{1}{1 + \lambda_{VG1} l_{min}} \cdot \left(\frac{\lambda_{VG1}}{\lambda_{loc1}} - 1\right).$$

Gl. 4.4-6

Für den Fall 2 wird das lokale Luftverhältnis λ_{loc2} nur mit der in der Masse m_{VG1} enthaltenen überschüssigen Restluft gebildet. Der überschüssige Luftmassenanteil ist:

$$\frac{m_{ueL1,VG1}}{m_{VG1}} = \frac{(\lambda_{VG1} - 1) \cdot l_{min}}{1 + \lambda_{VG1} \cdot l_{min}}.$$

Gl. 4.4-7

Definiert man auf diesen Überlegungen ein lokales Luftverhältnis λ_{loc2}, so erhält man:

$$\lambda_{loc2} = \frac{m_{VG1} \cdot \dfrac{(\lambda_{VG1} - 1) \cdot l_{min}}{1 + \lambda_{VG1} \cdot l_{min}}}{m_{B12} \cdot l_{min}}.$$

Gl. 4.4-8

Das Massenverhältnis m_{B12} zu m_{VG1} erhält man durch Umstellen von 4.4-8 zu:

$$\frac{m_{B12}}{m_{VG1}} = \frac{1}{1 + \lambda_{VG1} \cdot l_{min}} \cdot \frac{(\lambda_{VG1} - 1)}{\lambda_{loc2}}.$$

Gl. 4.4-9

Führt man auf dieser Grundlage Berechnungen bei Vorgabe des lokalen Luftverhältnisses λ_{loc1} bzw. λ_{loc2} durch, so ergibt sich der in **Abbildung 4.4-5** gezeigte Zusammenhang. Als Ausgangstemperatur wurde $T_{VG1} = 1000$ K gewählt. Dies stellt in Bezug auf reale Gaszustände im Motor, die eine Selbstzündfähigkeit sicherstellen, eine vernünftige Annahme dar. Man erkennt, dass bei einer Verbrennung innerhalb einer Atmosphäre mit kleiner werdendem Luftverhältnis λ_{VG1} die adiabaten Temperaturen ebenfalls geringer werden, unabhängig nach welchem oben beschriebenen Fall das Gemischelement reagiert. Die im Fall 1 resultierenden geringeren Temperaturen, insbesondere bei niedrigem Temperaturniveau, sind auf die Vereinbarung „chemisches Gleichgewicht" zurückzuführen. Dies impliziert, dass bereits gebildete stabile Verbindungen wie zum Beispiel Kohlendioxid wieder aufgebrochen werden müssen. Dies ist ein stark endothermer Prozess. Daher existieren im Fall 1 auch adiabate Verbrennungstemperaturen, die unterhalb der Temperatur T_{VG1} des Ausgangs-

Verbrennungsgases liegen. Der Fall 2 ist daher bei niedrigem Temperaturniveau der wahrscheinlichere Reaktionsablauf. Der Verlauf der Kurve für $\lambda_{kritisch,\ RB}$ in *Abbildung 4.4-3* ist *Abbildung 4.4-3* entnommen.

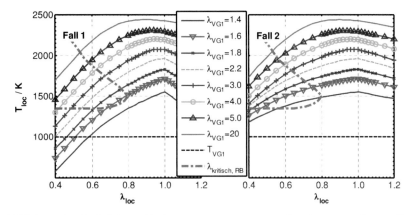

Abbildung 4.4-5: *Adiabate Verbrennungstemperaturen in einem reagierten Gemischelement. Links Fall 1: Chemisches Gleichgewicht im Endgas. Rechts Fall 2: Reaktion nur mit dem überschüssigen Luftanteil von m_{VG1}. T_{VG1} = 1000 K, T_{Bst1} = 310 K, verschiedene Luftverhältnisse λ_{VG1}.*

Für den Hochdruckprozess des Motors bedeutet dies, dass eine Aufteilung der Verbrennung in mindestens 2 Teilabschnitte Vorteile bezüglich der Rußbildung aufweist: Während die erste Verbrennung von einem sehr mageren Niveau (λ_{VG1} viel größer als 1) startet und daher aufgrund der möglichen hohen Temperatursprünge grundsätzlich sehr weit ins Rußbildungsgebiet vorstoßen kann, bleibt diese Verbrennung letztlich überstöchiometrisch. Hierdurch liegen gute Bedingungen für eine anschließende Rußoxidation vor, siehe Punkt 2 und 3 in *Abbildung 4.3-2*

Werden die Prozessparameter so gewählt, dass die zweite Verbrennung nur etwas oberhalb von λ_{VG1}=1, bei nicht allzu hohen Temperaturen startet, so ist auch im unterstöchiometrischen DeNOx-Betrieb eine geringe Rußemission erzielbar. Auf den Motorprozess übertragen, wäre dies Punkt 3' im Hochdruckprozess mit dem entsprechenden Luftverhältnis $\lambda_{3'}$, siehe hierzu auch *Abbildung 4.3-2*. Die druckabhängige Verkleinerung des Rußbildungsgebietes nach *Abbildung 4.4-3* trägt bei dieser Verlagerung der zweiten Verbrennung in den Expansionshub zusätzlich zur Rußminderung bei.

Aus diesem Grund ist die Aufteilung der Verbrennung in Teilabschnitte im DeNOx-Betrieb unbedingt erforderlich.

4.4.3 Einfluss der Brennstoffmassenaufteilung auf die Rußoxidation

Im Brennraum gebildeter Ruß kann bei genügend hohen Temperaturen in Anwesenheit von Oxidatoren wieder oxidiert werden. Nach derzeitigem Kenntnisstand sind die Stoffe O_2 und OH die Haupt-Oxidatoren [4.15], [4.16]. Variiert man das Luftverhältnis einer beliebigen Verbrennung, so zeigen Restsauerstoffangebot und Temperaturniveau ein gegenläufiges Verhalten (großes $\lambda \rightarrow$ kleines T und umgekehrt). Dieser Zusammenhang gilt auch für die motorische Verbrennung. Im DeNOx-Betrieb ist es für eine geringe Gesamtrußemission entscheidend, während der ersten Expansionsphase, in der noch magere Gemischzustände herrschen, möglichst viel Ruß zu oxidieren. Daher gilt es ein Optimum für das Zielluftverhältnis der ersten Verbrennung (λ_3) zu finden. Dies ist der Endpunkt der ersten Verbrennung, Punkt 3 im Hochdruckprozess, siehe hierzu auch **Abbildung 4.3-2**. Die Brennstoffmassenaufteilung (β) ist daher so zu wählen, dass sich mit diesem Luftverhältnis eine optimale Atmosphäre für die Rußoxidation einstellt.

Für die Berechnung und Simulation der Rußoxidation werden meist empirische Ansätze verwendet, in die als unabhängige Variable der Sauerstoffpartialdruck und die Temperatur in Form von Arrhenius-Ansätzen eingehen. Eines der ältesten empirischen Ansätze für die Rußoxidationsrate ist der von „Nagle und Strickland-Constable" [4.16], siehe Gl. 4.4-10 bis Gl.4.4-15.

$$\dot{m}_{Ox,Ruß} = 12\left(\left(\frac{k_A p_{O2}}{1+k_z p_{O2}}\right)x_{NStC} + k_B p_{O2}(1-x)\right)$$

$$[\dot{m}_{Ox,Ruß}] = \frac{g}{cm^2 s}, \quad [p_{O2}] = atm, \quad [T] = K \qquad \text{Gl. 4.4-10}$$

mit

$$x_{NStC} = \left(1+\frac{k_T}{p_{O2}k_B}\right)^{-1}, \quad [x_{NStC}] = \frac{cm^2}{cm^2} \qquad \text{Gl. 4.4-11}$$

$$k_A = 20 \cdot exp\left(-\frac{15100}{T}\right), \quad [k_A] = \frac{g}{cm^2 s \cdot atm} \qquad \text{Gl. 4.4-12}$$

$$k_B = 0.00446 \cdot \exp\left(-\frac{7640}{T}\right), \quad [k_B] = \frac{g}{cm^2 s \cdot atm} \qquad \text{Gl. 4.4-13}$$

$$k_T = 151000 \cdot \exp\left(-\frac{48800}{T}\right), \quad [k_T] = \frac{g}{cm^2 s} \qquad \text{Gl. 4.4-14}$$

$$k_Z = 21.3 \cdot \exp\left(-\frac{2060}{T}\right), \quad [k_Z] = \frac{1}{atm} \qquad \text{Gl. 4.4-15}$$

Einen neueren Ansatz findet man bei Boulouchous, Eberle, Schubiger in [4.16]. Auch hier ist die Rußoxidationsrate proportional dem Sauerstoffpartialdruck und der Temperatur:

$$\dot{m}_{Ox,Ruß} \sim \left(\frac{p_{O2}}{0.21 \cdot p_{ref}}\right)^{1.3} \cdot \exp\left(\frac{-15000}{T}\right). \qquad \text{Gl. 4.4-16}$$

Diese Modelle lassen sich auf eine adiabate Verbrennung, die von einem Verbrennungsgaszustand „VG1" durch Brennstoffzufuhr und Reaktion in einen Verbrennungsgaszustand „VG2" führt, anwenden. Der Gaszustand „VG2" stellt bei dieser Betrachtung die Atmosphäre dar, innerhalb derer der Ruß im weiteren zeitlichen Verlauf oxidiert werden kann.

Die für die Anwendung dieser Ansätze nötigen Sauerstoffpartialdrücke sind über die Stoffmengengleichgewichte nach Abschnitt 4.2 und dem Gesamtdruck berechnet worden. Die Temperatur, die in die Gleichungen 4.4-10 bis 4.4-16 eingeht, entspricht der adiabaten Verbrennungstemperatur. Diese wird für die folgende Betrachtung gemäß dem wahrscheinlicheren Reaktionsweg nach „Fall 2", siehe **Abbildung 4.4-4** berechnet. Als Ausgangstemperatur wurde $T_{VG1} = 1000$ K gewählt, eine Temperatur in der Größenordnung der Verdichtungsendtemperatur bzw. der Starttemperatur der 2. Verbrennung im Falle des DeNOx-Betriebes.

Man erhält auf diese Weise für verschiedene Ausgangsluftverhältnisse λ_{VG1} Rußoxidationsraten, die ein ausgeprägtes Maximum aufweisen. Generell müssen diese Modelle zur quantitativen Übereinstimmung mit experimentellen Daten in ihren Konstanten angepasst werden [4.15], [4.17]. Daher werden hier die Berechnungsergebnisse mit dem jeweiligen Maximalwert bei einem Verbrennungsstart in reiner Luft mit

λ_{VG1} gleich unendlich normiert. Für die numerische Berechnung wurde für reine Luft das Luftverhältnis λ_{VG1} gleich 10^{6} gesetzt. Auf diese Weise gelangt man zu einer qualitativen Darstellung, bei der die Lage des Maximums erhalten bleibt, wie **Abbildung 4.4-6** zeigt.

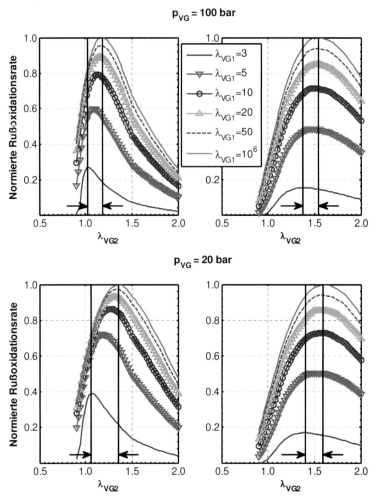

Abbildung 4.4-6: *Normierte Rußoxidationsraten in Abhängigkeit vom Ausgangs-luftverhältnis λ_{VG1} und dem Zielluftverhältnis λ_{VG2}. Links das Modell von „Nagle und Strickland-Constable". Rechts das Modell von „Boulouchous, Eberle, Schubiger", $T_{VG1} = 1000$ K, $p_{VG} = 20$ bzw. 100 bar, Optimallagen markiert ($\rightarrow$ | | $\leftarrow$). Berechnung gemäß Reaktionsweg „Fall 2".*

Bildet man Intervalle, deren Intervallgrenzen durch die Maxima der Extremkurven (λ_{VG1} = 3 und λ_{VG1} = 10^6) gelegt werden, so sagt das Modell von Nagle und Strick-land-Constable einen optimalen Bereich für die Rußoxidation für das Luftverhältnis (λ_{VG2}) der oxidierenden Atmosphäre von 1.03 bis 1.37 voraus. Das Modell von Bou-louchous, Eberle und Schubiger liefert für maximale Oxidationsraten ein Luftverhält-nis-Intervall von 1.37 bis 1.60.

Beide Modelle liegen mit ihren Prognosen nahe beieinander und zeigen nur eine ge-ringe Abhängigkeit vom Druck bzgl. der Optimallagen. Das Optimum verschiebt sich dagegen bei beiden Modellen mit sinkendem Ausgangsluftverhältnis (λ_{VG1}) zu kleine-ren Zielluftverhältnissen (λ_{VG2}). Auf den Motorprozess übertragen ist das die Situation vor und nach der ersten Verbrennung. Hier stellt sich ein abnehmendes Ausgangs-luftverhältnis, dem Luftverhältnis λ_2 im Punkt 2, siehe **Abbildung 4.3-2**, mit steigen-den AGR-Raten ein.

Bezieht man die Ergebnisse aus Abschnitt 4.4.2 mit ein und bildet einen finalen Kompromiss aus beiden Modellen, so erscheint das Intervall für das Zielluftverhältnis von 1.2 bis 1.5 als sinnvoll. Das Zielluftverhältnis λ_{VG2} entspricht auf den vollkomme-nen Motor übertragen, dem Luftverhältnis nach Abschluss der ersten Verbrennung (λ_3). Eine Brennstoffaufteilung β, die ein solches Luftverhältnis im Punkt 3 im Hoch-druckprozess bewirkt, wäre somit hinsichtlich Rußoxidation der ersten Verbrennung und Vermeidung der Rußbildung der zweiten Verbrennung optimal. Für den Motor-prozess lässt sich dann die folgende Beziehung zwischen dem Parameter Brenn-stoffmassen-Aufteilungsparameter β und dem Luftverhältnis nach Abschluss der ers-ten Verbrennung λ_3 herleiten (siehe Anhang A.1):

$$\beta = \frac{\dfrac{1}{\lambda_3 \cdot l_{min}} - \dfrac{Y_{RG} \cdot Y_{Bst}^{RG}}{1 - Y_{RG} + Y_{RG} \cdot Y_{Luft}^{RG}}}{\dfrac{1}{\lambda_4 \cdot l_{min}} - \dfrac{Y_{RG} \cdot Y_{Bst}^{RG}}{1 - Y_{RG} + Y_{RG} \cdot Y_{Luft}^{RG}}} \cdot \qquad \text{Gl. 4.4-16}$$

Den Zusammenhang zeigt **Abbildung 4.4-7**. Man erkennt, dass bei Restgasraten um 25 Prozent die Werte für den Brennstoffmassen-Aufteilungsparameter β bei etwa 0.40 bis 0.75 liegen.

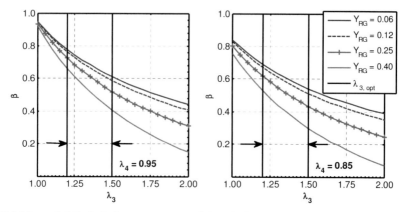

Abbildung 4.4-7: *Aufteilungsparameter β für die Brennstoffmasse in Abhängigkeit vom gewünschten Luftverhältnis λ_3 : Vollkommener Motor bei verschiedenen Restgasraten, Optimalintervall bzgl. Rußemission ist markiert (→| |←).*

4.4.4 Einfluss der Brennstoffmassenaufteilung auf den Mitteldruck

Die in den Abschnitten 4.4.2 und 4.4.3 erörterte Aufsplittung der Brennstoffmasse in einen Anteil der im oberen Totpunkt verbrennt und einen Anteil der im Expansionshub bei verringerten Temperaturen verbrennt, hat Vorteile bzgl. der Rußemission. Thermodynamisch bedeutet dies für den Prozess eine Verschiebung der Brennverlaufs-Schwerpunktlage in den Expansionshub und eine damit verbundene Abnahme des inneren Wirkungsgrades. Da aber auch der indizierte Mitteldruck abnimmt, unterstützt die Aufsplittung der Brennstoffmassen die Darstellbarkeit kleiner Mitteldrücke. **Abbildung 4.4-8** zeigt die Zusammenhänge zwischen der Schwerpunktlage des Brennverlaufs des vollkommenen Motors und den Mitteldrücken des Hochdruckprozesses sowie den Abgastemperaturen. Man erkennt hier, dass die Schwerpunktlage dominierend für den indizierten Mitteldruck ist, jedoch die Brennstoffmassenaufteilung β ebenfalls einen Einfluss hat. Die Kurven mit konstantem β enden an der Grenzkurve, weil die maximal erreichbare Schwerpunktlage $X_{SPBV,v,max} = (1- β)$ ist. Denn in Gleichung 4.3-7 kann der Lage-Parameter $X_{3'}$ definitionsgemäß (siehe Gleichung 4.3-2) maximal den Wert 1 annehmen. Hieraus ergeben sich Aufenthaltsbereiche, wie sie anhand der Hüllkurven in **Abbildung 4.4-8** zu sehen sind.

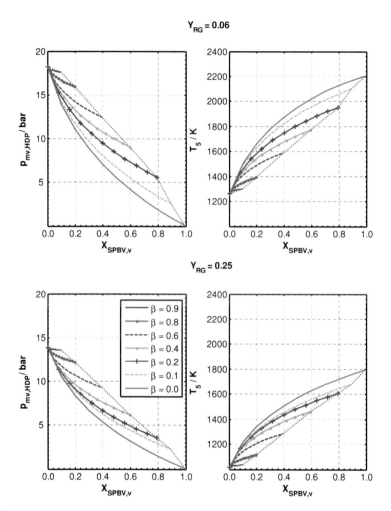

Abbildung 4.4-8: *Mitteldruck des Hochdruckprozess und Abgastemperatur in Abhängigkeit der Schwerpunktlage des Brennverlaufs beim vollkommenen Motor. Der Parameter für die Kurvenschar ist die Brennstoffmassenaufteilung ß. Die Berechnungen sind für 2 verschiedene Restgasraten (Y_{RG} = 0.06 und 0.25) dargestellt. p_1 = 1.0 bar, T_1 = 298.15 K, p_5 = 1.3 bar, λ_4 = 0.95.*

Anhand dieser Bereiche lässt sich eine wichtige Erkenntnis ableiten: Bei gegebenen Anfangs-Zustandsgrößen (p_1 und T_1) einerseits und einer festen Restgasrate (Y_{RG}) andererseits, ist die Darstellung kleiner indizierter Mitteldrücke des Hochdruckprozesses im DeNO$_x$-Regenerationsbetrieb nur über ein kleinen β-Wert und eine weit in den Expansionshub verlagerte Brennverlaufs-Schwerpunktlage möglich, d.h. ein großer Brennstoffmassenanteil, der auf eine zweite sehr weit nach dem oberen Totpunkt gelegene Verbrennung entfällt. Dabei weicht der Parameter β deutlich von seiner optimalen Lage, gemäß Abschnitt 4.4.3, ab. Die berechneten Abgastemperaturen T_5 (entspr. Temperatur vor Turbine) steigen hierbei auf sehr hohe Werte für den adiabaten Ausschubprozess des vollkommenen Motors an. Die absoluten Temperaturen vor Turbine des Realmotors liegen etwa 300 bis 600 K niedriger. Diese Differenz ist sehr vom Gasdurchsatz abhängig. Trotzdem bleibt das Temperaturniveau noch kritisch. Wie **Abbildung 4.4-8** ebenfalls zeigt, kann die Abgastemperatur sehr wirksam durch eine erhöhte Restgasrate (Abgasrückführung) gesenkt werden. Im Temperaturdiagramm erfährt der Arbeitsbereich eine „Verschiebung zu kleineren Temperaturen", während er im Mitteldruckdiagramm eine „Drehung um den Punkt ($X_{SPBV,v}=1$; $p_{mv,HDP}=0$)" erfährt. Die Auswirkung auf den Mitteldruck ist daher bei hohen Mitteldrücken ausgeprägter als bei niedrigen.

Mit zunehmender Restgasrate wird der Arbeitsbereich schmaler, was im Nachhinein die geringe Streuung der Punkte, in **Abbildung 4.3-5**, erklärt, da bei den Vergleichspunkten aus dem DeNOx-Betrieb am Realmotor ausnahmslos rückgeführtes Abgas zu dosiert wurde.

4.4.5 Einfluss der Anfangszustände und der Restgasrate auf den Prozess

Die bisher diskutierten Maßnahmen zielten primär auf die Minimierung von Rußemissionen im DeNOx-Betrieb. Gewissermaßen als Nebeneffekt zeigte sich, dass diese Maßnahmen auch bei der Darstellung kleiner Mitteldrücke hilfreich sind.

Um die Mitteldrücke wirksam zu beeinflussen, bietet sich, wie bei konventionellen Brennverfahren auch, die Änderung der im gesamten Prozess umgesetzten Brennstoffmasse an. Da das globale Luftverhältnis (λ_4) in engen Grenzen vorgegeben ist, muss daher im DeNOx-Betrieb simultan zur Brennstoffmasse auch die Frischluftmasse verändert werden. Bei gegebener Restgasrate Y_{RG} und Prozessanfangstemperatur T_1 ist die Frischluftmasse direkt proportional zum Anfangsdruck p_1. **Abbildung 4.4-9** zeigt die Auswirkungen des Prozessanfangsdruckes (p_1) auf den Mitteldruck des Prozesses (p_{mv}, enthält Hoch- und Niederdruckteil) des vollkommenen Motors. Zusätzlich sind weitere wichtige Prozessgrößen dargestellt. Für Prozessanfangsdrücke unterhalb des Umgebungsdruckes wurde hier eine Drosselung im Saugrohr angenommen. Für Drücke oberhalb des Umgebungsdruckes wurde die Aufladung mittels Abgasturboladung zu Grunde gelegt; der Abgasdruck im Abgassammelbehälter folgt damit dem in **Abbildung 4.3-3** vereinbarten Verlauf. Man erkennt in **Abbildung 4.4-9** einen nahezu linearen Zusammenhang zwischen dem Anfangsdruck p_1 und dem Mitteldruck des vollkommenen Motors p_{mv}. Mit steigender Restgasrate verlaufen die Kurven erwartungsgemäß flacher und liegen auf niedrigerem Niveau.

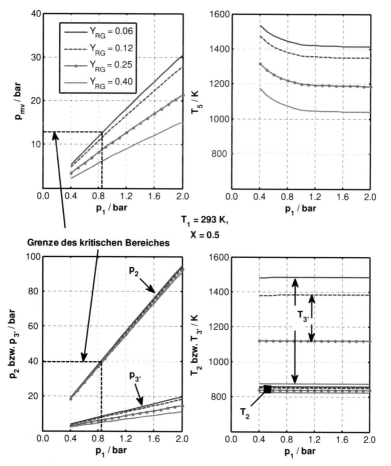

Abbildung 4.4-9: Abhängigkeiten der Prozessparameter des vollkommenen Motors vom Anfangsdruck für verschiedene Restgasraten.
$\varepsilon = 16.5$, $T_1 = 293\ K$, $X_{3'} = 0.5$, β nach Gleichung 4.4-16 für $\lambda_3 = 1.35$ in Abhängigkeit der Restgasrate berechnet, $\lambda_4 = 0.95$.

Weiterhin sieht man auch hier, dass eine steigende Restgasrate die Abgastemperaturen vor Turbine (T_5) senkt. Der Anstieg der Abgastemperatur vor Turbine bei abnehmenden Prozessanfangsdrücken (p_1) beruht auf dem sinkenden Druckverhältnis des Prozessenddruckes (p_4) zu dem Druck vor Turbine (p_5).

Die Restgasrate beeinflusst des Weiteren auch entscheidende Zustandsgrößen innerhalb des Hochdruckprozesses. Im Wesentlichen sind das der Druck zu Beginn der zweiten Verbrennung ($p_{3'}$) und die Temperatur an diesem Punkt ($T_{3'}$). Letztere hängt eng mit der Vorgabe des Luftverhältnisses nach Abschluss der ersten Verbrennung (λ_3) zusammen, da mit steigender Restgasrate bereits ein kleineres Luftverhältnis während der Kompressionsphase (λ_2) vorliegt. Aus diesem Grund muss eine geringere Brennstoffmasse hinzugegeben werden, um diese Luftverhaltnisvorgabe zu erfüllen. Mit steigender Restgasrate sinken daher Druck und Temperatur zu Beginn der zweiten Verbrennung, was sich einerseits vorteilhaft auf die Rußbildung auswirkt, andererseits einen erneuten Verbrennungsstart erschweren kann.

Mit dem Prozessanfangsdruck sinkt auch der Kompressionsenddruck (p_2) und die Kompressionsenddichte (ρ_2). Beim realen Motor werden gegen Kompressionsende die ersten Brennstoff-Einspritzungen abgesetzt. Die Gemischbildungs- und Vorreaktionsprozesse der Zündverzugsphase beginnen. Um möglichst geringe Mitteldrücke darstellen zu können, ist es daher wichtig, dass der Gemischbildung- und Vorreaktionsmechanismus bei geringen Drücken, bzw. Gasdichten nahe OT sicher funktioniert.

Man benötigt eine stabile erste Verbrennung um den Hochdruckprozess weiter gestalten zu können. Rückblickend auf *Abbildung 2.5-1* zeigt sich bei dem untersuchten Serienmotor eine abnehmende Laufruhe für Mitteldrücke des Hochdruckprozesses kleiner 8 bar. Die Standardabweichung des indizierten Mitteldruckes ist ein guter Indikator für die Stabilität des Verbrennungsablaufes.

In *Abbildung 4.4-10* ist die Standardabweichung des indizierten Mitteldruckes vom Hochdruckprozess ($\sigma_{pmi,\ HDP}$) über dem theoretischen Verdichtungsenddruck dieses realen Motors aufgetragen. Der theoretische Verdichtungsenddruck, hier ebenfalls als p_2 bezeichnet, ist der Druck der sich im realen Motor ohne Einspritzung und Verbrennung im oberen Totpunkt einstellen würde. Diese Werte sind aus Motor-Schleppversuchen gewonnen worden. Anhand dieser Messung erkennt man, dass Verdichtungsenddrücke (p_2) kleiner 40 bar bereits problematisch für den Verbrennungsablauf werden.

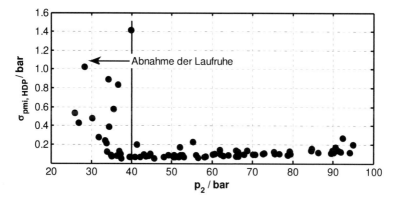

Abbildung 4.4-10: Standardabweichung des indizierten Hochdruckprozessmittel-druckes über dem theoretischen Verdichtungsenddruck im De-NOx-Betrieb. 4 Zylinder Serienmotor mit 2 Liter Hubraum und einem Verdichtungsverhältnis von 16.5, US-Dieselkraftstoff mit einer Cetanzahl von 43.

Verknüpft man diese Erkenntnis mit dem Diagramm unten links in **Abbildung 4.4-9**, so liest man einen kritischen Prozessanfangsdruck (p_1) von etwa 0.85 bar ab. Auf das Diagramm oben links in **Abbildung 4.4-9** übertragen, ergeben sich daraus minimal darstellbare Mitteldrücke für den vollkommenen Motor, die je nach Höhe der Restgasrate zwischen 6 und 12 bar liegen. Steigert man die Prozessanfangstemperatur T_1, wie es in der **Abbildung 4.4-11** beispielhaft anhand einer Temperatursteigerung auf 373 K gezeigt ist, so stellen sich minimal darstellbare Mitteldrücke des vollkommenen Motors von 5 bis 10 bar ein. Das Kriterium, dass ein Verdichtungsenddruck kleiner als 40 bar kritisch erscheint, wurde beibehalten. Eine Steigerung der Restgasrate und der Prozessanfangstemperatur bewirkt eine Abnahme der Mitteldrücke und begünstigt somit die Darstellbarkeit kleiner Lasten.

Es stellt sich die Frage, ob der Verdichtungsenddruck beziehungsweise der Gasdruck im Brennraum zu Beginn der Verbrennung ein ausreichender Indikator für die Güte der initialen Gemischbildungs- und Reaktionsprozesse ist. Der Gemischbildungsprozess beginnt mit der Einspritzung des flüssigen Brennstoffes in den Brennraum. Die hierbei im Düsenloch auftretenden Reynoldszahlen sind so groß, dass der Strahlzerfall im Bereich des sogenannten „Zerstäubungs-Bereiches" innerhalb des Ohnesorg-Reynoldszahl-Diagramms liegt. Dies gilt selbst für kleinste Düsenlochdurchmesser in der Größenordnung von 100 µm in Kombination mit vergleichsweise kleinen Einspritzdrücken von etwa 300 bar.

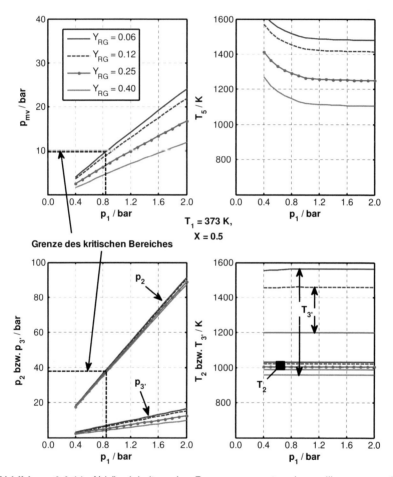

Abbildung 4.4-11: *Abhängigkeiten der Prozessparameter des vollkommenen Motors vom Anfangsdruck für verschiedene Restgasraten bei erhöhter Anfangstemperatur: $\varepsilon = 16.5$, $T_1 = 373$ K, $X_{3'} = 0.5$, β nach Gleichung 4.4-16 für $\lambda_3 = 1.35$ in Abhängigkeit der Restgasrate berechnet, $\lambda_4 = 0.95$.*

In diesem Zerstäubungsbereich gilt für den Spraykegelwinkel α_{Spray} für eine bestimmte Düsengeometrie folgende Proportionalität [4.13]:

$$tan(\alpha_{Spray}) \sim \left(\frac{\rho_{AmbGas}}{\rho_{Bst,0}} \right)^{0.5}.$$ Gl.4.4-17

Bei fester Düsengeometrie wird hier der Spraywinkel des Einspritzstrahles nur durch das Verhältnis von Gasdichte (ρ_{Gas}) zur Brennstoffdichte ($\rho_{Bst,0}$) bestimmt. Der Spraywinkel ist ein Maß für die makroskopische Vermischung von Brennstoff mit dem Brennraumgas, die an einer bestimmten Position der Spraypenetration erreicht wurde. Eine größere Gasdichte bewirkt einen größeren Spraywinkel und damit ein größeres Mischungsverhältnis beziehungsweise Luftverhältnis bereits bei kurzen Distanzen stromabwärts der Düsenlochmündung.

Um im weiteren Verlauf ein reaktionsfähiges Brennstoff-Gasgemisch zu erhalten, muss der Brennstoff verdampfen und sich mit dem Brennraumgas auf molekularer Ebene mischen. Für die Verdampfung ist die Wärmübertragung von dem Brennraumgas an den flüssigen Brennstoff von entscheidender Bedeutung. Dieser Vorgang hängt zum einen von dem Mischungsverhältnis von Brennstoff zu Brennraumgas und damit vom Spraywinkel beziehungsweise der Gasdichte im Brennraum ab, zum anderen bestimmt die Gastemperatur den Temperaturgradienten und damit die Wärmeübertragung zum Brennstoff [4.18]. Hohe Gasdichte und hohe Gastemperatur beschleunigen daher diese physikalischen Gemischbildungsvorgänge.

Ein weiterer wichtiger Teilprozess auf dem Weg zur thermischen Entflammung ist die Vorreaktionsgeschwindigkeit. Sie wird allgemein durch die chemische Zündverzugszeit $t_{ZV,chem}$ beschrieben. Die chemische Zündverzugszeit hängt in nichtlinearer Weise von Druck und Temperatur ab. Für die chemische Zündverzugszeit kann in erster Näherung folgende Abhängigkeit angeben werden [4.14], [4.15], [4.16]:

$$t_{ZV,chem} \sim \frac{1}{p_{GE}^{np}} \cdot exp\left(-\frac{E_A}{R_m T_{GE}} \right).$$ Gl.4.4-18

Hierin sind p_{GE} der Gasdruck und T_{GE} die Temperatur im betrachteten Gemischelement. Die Aktivierungsenergie E_A und der Druckexponent np müssen zum Abgleich mit Messwerten experimentell bestimmt werden.

Man erkennt, dass in der Zündverzugsgleichung 4.4-18 der Gasdruck explizit auftaucht und hier bei Zunahme zündverzugsverkürzend wirkt. Betrachtet man jedoch einen Verdichtungsprozess im Motor, so hängen die im oberen Totpunkt vorliegenden Gastemperaturen im Wesentlichen vom Verdichtungsverhältnis und von der Prozessanfangstemperatur ab. Im Gegensatz zu den Drücken hängen die Temperaturen bei Beginn der ersten und zweiten Verbrennung (T_2 und $T_{3'}$) nicht vom Prozessanfangsdruck (p_1) ab. Vergleicht man Betriebspunkte mit ähnlicher Prozessanfangstemperatur, so wird die Gasdichte im Wesentlichen durch den Gasdruck bestimmt. Der Gasdruck ist in diesem Fall ein geeigneter Indikator zur Güte-Beurteilung der initialen Gemischbildungs- und Reaktionsprozesse.

Erhöht man nun die Prozessanfangstemperatur T_1 um einen Betrag ΔT_1, so verschieben sich unter sonst gleichen Randbedingungen auch die Temperaturen zu Beginn der ersten Verbrennung (T_2) und die Abgastemperatur nach Motor (T_5) in etwa um den gleichen Betrag wie ΔT_1. Gleichzeitig verringern sich aufgrund steigender Prozessanfangstemperatur die Prozessanfangsdichte (p_1) und damit die Mitteldrücke, wie ***Abbildung 4.4-11*** zeigt. Die Gasdichte zu Beginn der ersten und zweiten Verbrennung (ρ_2 und $\rho_{3'}$) nimmt aber ebenfalls ab. Die Temperatur T_2 steigt dagegen erwartungsgemäß stärker als die Temperatur T_1 an, weil sich bei einer isentropen Verdichtung mit festem Verdichtungsverhältnis ein konstantes Druck- und Temperaturverhältnis einstellt. Aus diesem Grund verschieben sich die Zustandsgrößen zum Verdichtungsende stärker als zu Prozessbeginn. Dieses Verhalten legt die Kombination von Druckabsenkung (p_1) und Temperaturanhebung (T_1) zu Prozessbeginn für die Darstellung kleiner Mitteldrücke nahe.

Zur Prozesstemperaturanhebung und reduziertem Mitteldruck kann rückgeführtes Restgas vorteilhaft eingesetzt werden, welches gerade so gekühlt werden sollte, dass sich nach Mischung mit der Frischluft die gewünschte Temperaturanhebung einstellt. Die Restgasrate steigert die Temperatur und reduziert den indizierten Mitteldruck.

Die Wirkung von Druck- und Temperaturänderung zu Prozessbeginn, sowie Änderungen der Restgasrate auf den indizierten Mitteldruck lässt sich in der Frischluft-Partialdichte ρ_{L1}, das ist die auf das Zylindervolumen bezogene Frischluftmasse, zusammenfassen. Diese steht mit den Zustandsgrößen zu Prozessbeginn (T_1, p_1) und der Restgasrate Y_{RG} in folgendem Zusammenhang:

$$\rho_{L1} = \frac{p_1}{R_1 T_1} \cdot (1 - Y_{RG}).$$

Gl. 4.4-19

Die Frischluft-Partialdichte bestimmt die gesamte, auf das Hubvolumen bezogene, Brennstoffmasse, die bei einem bestimmten globalem Luftverhältnis je Arbeitsspiel in den Zylinder eingebracht wird. Bei einem bestimmten indizierten Wirkungsgrad des Hochdruckprozesses ist die gesamte Einspritzmasse proportional dem indizierten Mitteldruck des Hochdruckprozess.

Inwieweit eine angehobene Prozessanfangstemperatur die nachteilige Wirkung eines abgesenkten Druck- / Dichte-Niveaus zu den Zeitpunkten im Hochdruckprozess kompensieren kann, ist Gegenstand der Untersuchung in den folgenden Kapiteln. Ebenso wird dort die Frage behandelt, ob eine gesteigerte Restgasrate die Zündeinleitung der ersten, aber auch der zweiten Verbrennung, aufgrund des abgesenkten Sauerstoffmassenanteils nachteilig beeinflusst.

Weiterhin wird der Aspekt eines veränderten Verdichtungsverhältnises (ε) untersucht. Eine Anhebung bewirkt beim vollkommenen Motor eine Verbesserung des indizierten Wirkungsgrades, wodurch der indizierte Mitteldruck einerseits steigt. Jedoch steigen auch die Zustandsgrößen Druck und Temperatur während des Hochdruckprozesses, insbesondere in der Nähe des oberen Totpunktes, wo sich die initialen Gemischbildungs- und Zündvorgänge abspielen. Hierdurch ergibt sich andererseits eine zunächst nur theoretische Möglichkeit der stärkeren Androsselung. Ein erhöhtes Verdichtungsverhältnis bewirkt selbst beim vollkommenen Motor nur Mitteldrucksteigerungen im unteren einstelligen Prozentbereich. Zum Beispiel zeigt eine Steigerung des Verdichtungsverhältnisses von 16.5 auf 20.0 eine Wirkungsgrad- bzw. Mitteldruckererhöhung um den Faktor 1.035. Selbst wenn dieser Wert sich in voller Höhe auf den realen Motor übertragen lässt, kann die damit verbundene Mitteldrucksteigerung durch die theoretisch stärkere Androssel-Möglichkeit überkompensiert werden.

4.5 Zusammenfassung der Grundsatzbetrachtungen zum De-NOx-Betrieb

Zur Regeneration eines NO_x-Speicherkatalysators an einem Dieselmotor muss dieser in gewissen Zeitabständen fettes Abgas bereitstellen. Die Bereitstellung von fettem Abgas sollte im Idealfall in jedem möglichen Betriebspunkt des Motors in der Weise gelingen, dass der Motor in diesem Betriebsmodus stationär betrieben werden kann.

Anhand von Fahrzyklus-Simulationen konnte die hohe Relevanz von kleinen indizierten Mitteldrücken für stationäre Fahrzustände gezeigt werden. Für einen Motor mit 2 Liter Hubraum in einem Fahrzeug der unteren Mittelklasse ist mit einem indizierten Mitteldruck von nur etwa 3 bar bereits eine Zyklusabdeckung von 50 Prozent im FTP75-Zyklus gegeben. Die Darstellung des DeNOx-Betriebes bei kleinen indizierten Mitteldrücken hat daher die höchste Relevanz.

Der DeNOx-Betrieb, nahe dem Volllastzustand des Motors, ist immer dann von Bedeutung, wenn der NO_x-Speicherkatalysator vollständig beladen ist. Es besteht die Gefahr, dass die gespeicherten Stickoxide durch hohe Abgastemperaturen thermisch desorbiert werden können. Dieser Effekt kann verhindert werden, wenn die Hochlastphase bei stark beladenem NO_x-Speicherkatalysator bereits im fetten Betriebsmodus beginnt. Denn der für die Regeneration nötige Stoffmengenanteil an Reduktionsmittel im Abgas, vorzugsweise Kohlenmonoxid und Wasserstoff, ist bereits bei einem Luftverhältnis knapp unterhalb von 1 in ausreichender Höhe enthalten. Dies konnte mittels Berechnung der Verbrennungsgaszusammensetzung im chemischen Gleichgewicht gezeigt werden.

Anhand eines neudefinierten offenen Vergleichsprozesses für den vollkommenen Motor konnte einerseits die für den stationären unterstöchiometrischen DeNOx-Betrieb charakteristischen Prozesseigenschaften herausgearbeitet werden. Andererseits erlaubte dieser Vergleichsprozess die Möglichkeiten zur Darstellung kleiner Motorlasten zu diskutieren.

Die grundlegenden Prozessmerkmale des Normalbetriebs eines Dieselmotors ändern sich deutlich. So liegt im DeNOx-Betrieb eine gegenüber dem Normalbetrieb deutlich gestiegene Abgastemperatur nach Motor vor. Aufgrund der heterogenen Gemischbildung beim Dieselmotor muss aus Rußemissionsgründen die

Einspritzung in mindestens 2 Teilmengen aufgesplittet werden. Von diesen Teilmengen verbrennt die eine im oberen Totpunkt, beziehungsweise beim realen Motor in der Nähe des oberen Totpunktes, die andere im Expansionshub nachdem eine gewisse Temperaturschwelle unterschritten wurde. Für die Aufteilung der Einspritzmengen gibt es ein theoretisches Optimum hinsichtlich schneller Rußoxidation während der ersten Verbrennung und verminderter Ruß-Neubildung während der zweiten Verbrennung. Diese Aufsplittung hat jedoch eine Wirkungsgradverminderung zur Folge, was sich abermals in der Erhöhung der Abgastemperatur T_5 äußert. Durch Zugabe von gekühltem Restgas kann die Abgastemperatur jedoch wirkungsvoll gesenkt werden. Die Restgasanhebung wirkt ebenfalls auf die Rußbildung der zweiten Verbrennung, da hierdurch das mittlere Gastemperaturniveau und der Gasdruck für die zweite Verbrennung gesenkt werden. Der Wirkmechanismus hängt von den jeweiligen Randbedingungen ab: Bei konstanter Luftverhältnisvorgabe (λ_3) für optimale Rußoxidationsbedingungen reduziert sich der Brennstoffanteil für die erste Verbrennung. Hierdurch wird der Gasdruck und die Gastemperatur vor der zweiten Verbrennung vermindert. Hält man dagegen die Brennstoffaufteilung konstant, so stellt sich bei steigender Restgasrate zu Beginn der zweiten Verbrennung ein geringeres Luftverhältnis (λ_3) bzw. ein geringerer Sauerstoffanteil ein. Dies bewirkt eine geringere Druck- und Temperatursteigerung durch die zweite Verbrennung.

Weiterhin kann eine Qualitätsregelung über die Steuerung des globalen Luftverhältnisses zur Mitteldruckbeeinflussung, wie sie im Normalbetrieb beim Dieselmotor üblich ist, nicht dargestellt werden. Der effektivste Weg zur Mitteldruckbeeinflussung liegt in der Steuerung der Frischluft-Partialdichte. Für eine Mitteldrucksteuerung bietet sich daher primär die Aufladung bzw. Drosselung des Einlasszustandes an. Drosselung ist für den Fall kleinerer indizierter Mitteldrücke nötig. Beim vollkommenen Motor liegt diese Mitteldruckgrenze bei etwa 7 bis 10 bar. Unterhalb dieses Bereiches muss Drosselung angewendet werden. Der Vorteil der adiabaten Drosselung ist, dass die Gastemperatur bei der Druckabsenkung vor und nach der Drosselstelle in guter Näherung konstant bleibt. Eine isentrope Druckabsenkung zu Beginn des Hochdruckprozesses, wie sie bei variablen Ventiltrieben möglich wäre und beispielsweise durch einen „Miller-Prozess" dargestellt wird, ist mit einer Temperaturabsenkung verbunden und würde hier nachteilig wirken.

Eine gesteigerte Restgasrate vermindert ebenfalls die Frischluftdichte und unterstützt somit die Darstellung kleiner Mitteldrücke. Druckabsenkung zu Beginn des Hochdruckprozesses und Restgasratensteigerung stoßen jedoch an Grenzen: Die Gemischbildung wird schlechter und die Zündeinleitung kann nicht mehr sicher funktionieren. Denn eine gesteigerte Restgasrate vermindert das Startluftverhältnis (λ_1 bzw. λ_2), wodurch der Sauerstoffanteil im unverbrannten Gas reduziert wird. Hierdurch verlängert sich unter Umständen der chemische Zündverzug. Durch Anheben der Gastemperatur zu Prozessbeginn (T_1) kann dieser Konflikt entschärft werden. Eine höhere Temperatur hat im Allgemeinen eine beschleunigende Wirkung auf die Verdampfungs- und Reaktionsvorgänge. Sie kann daher die nachteilige Wirkung von Druckabsenkung und Restgasratensteigerung teilweise kompensieren. Eine höhere Gastemperatur zu Prozessbeginn bewirkt aber auch eine höhere Abgastemperatur. Da diese aus Bauteilschutzgründon nach oben hin begrenzt ist, sind auch dieser Maßnahme Grenzen gesetzt.

Zur Mitteldruckabsenkung kann ebenfalls die Brennverlaufs-Schwerpunktlagen-Verschiebung in den Expansionshub angewendet werden. Diese Maßnahme steigert jedoch die Abgastemperatur. Zwischen den Maßnahmen der Prozesstemperaturanhebung und der Verschiebung der Brennverlaufs-Schwerpunktlagen muss ein Optimum bezüglich der Abgastemperatur gefunden werden.

Tabelle 4.4-1 liefert abschließend eine Übersicht der wichtigsten Abhängigkeiten zwischen den Prozessparametern und Prozessgrößen. Man erkennt hier gut den weitreichenden Einfluss der Prozessanfangstemperatur (T_1) und der Restgasrate (Y_{RG}): Unter sonst gleichen Bedingungen wirkt eine gesteigerte Temperatur bzw. Restgasrate auf nahezu alle hier diskutierten Prozessgrößen. Die genaue Parametrierung dieser Größen stellt daher ein wichtiges Merkmal der Prozesssteuerung dar.

Tabelle 4.4-1: *Absolute Wirkungen der Prozessparameter (PP) auf Prozessgrößen (PG) bei einer mittleren Zunahme (++). Symbolerklärungen: + (-) entspricht Zunahme (Abnahme); Ausprägungen der Änderungen: + (-) klein, ++ (--) mittel, +++ (---) groß , O neutral.*

PG \ PP	p_1, ++	T_1, ++	Y_{RG}, ++	β, ++	$X_{3'}$, ++	Bemerkungen
p_2	+++	- -	O	O	O	relevant für Gemischbildung und
T_2	O	+++	-	O	O	Zündeinleitung der ersten
λ_2	O	O	- - -	O	O	Verbrennung
$T_{3'}$	O	++	- -	++	- -	relevant für Rußoxidation
$\lambda_{3'}$	O	-	- -	- -	O	bzw. Ruß-Neubildung
T_5	-	++	- -	- -	++	relevant für Bauteilschutz
p_{mv}	+++	-	- -	++	++	relevant für Lastspektrum

5. Komponentenversuche zum DeNOx-Betrieb

In den vorangegangenen Kapiteln wurde gezeigt, dass im DeNOx-Betrieb durch den leicht fetten Gemischzustand ein hoher Gemischheizwert vorliegt, wodurch sich grundsätzlich hohe Abgastemperaturen einstellen. Zusätzlich stellt sich eine erhöhte Rußemission ein. Maßnahmen die zur Rußreduktion beitragen, wie zum Beispiel die Aufteilung der Einspritzmassen mit Verlagerung in den Expansionshub, erhöhen weiter die Abgastemperatur, so dass hier grundsätzlich ein Konflikt zwischen Abgastemperatur und Rußemission entsteht.

Außerdem nimmt bei abnehmenden Motorlasten wegen der unvermeidbaren Androsselung die Verbrennungsstabilität ab, wodurch die minimal darstellbaren indizierten Mitteldrücke nach unten hin begrenzt sind. Da Maßnahmen zur Steigerung der Verbrennungsstabilität ebenfalls zur Abgastemperatursteigerung beitragen, entsteht im Schwachlastbereich ein Dreieckskonflikt aus Verbrennungsstabilität, Rußemission und Abgastemperaturniveau.

Die Aufrechterhaltung einer sicheren Gemischbildung mit anschließender Zündeinleitung bei frischluftseitig starker Androsselung ist daher von entscheidender Bedeutung für die Darstellung und Beherrschbarkeit kleiner indizierter Mitteldrücke im DeNOx-Betrieb.

Bereits anhand der idealisierten Prozesse des vollkommenen Motors wurde gezeigt, dass rückgeführtes Abgas eine Schlüsselrolle einnimmt und zur Auflösung dieses Konflikts beiträgt.

Entscheidend für die erfolgreiche Umsetzung aller im Hochdruckprozess eingespritzten Brennstoffmassen ist jedoch die Einleitung der allerersten Verbrennung. Diese wirkt in Form einer Brennraumvorkonditionierung auf das Verbrennungsverhalten der nachfolgend eingespritzten Brennstoffteilmasse. Deren erfolgreiche Umsetzung ist wiederum für die Verbrennung der dann folgenden Einspritzteilmasse wichtig. Nach diesem Muster setzt sich die gesamte Verbrennungsabfolge fort.

Die folgenden Untersuchungen konzentrieren sich daher auf die Einleitung und Stabilität der ersten Verbrennung im stark angedrosselten Betrieb.

Dabei soll der Einfluss von entscheidenden Parametern auf den Hochdruckprozess hinsichtlich Verbrennungsstart und Verbrennungsstabilität analysiert werden.

Für den speziellen Fall „unterer Teillastbereich", zu dessen Darstellung eine intensive saugseitige Androsselung angewendet werden muss, konzentrieren sich die Untersuchungen auf die initialen Vorgänge vom Beginn der Einspritzung bis zum Einsetzen der thermischen Entflammung. Innerhalb dieser Zündverzugsphase sollen die Auswirkungen der physikalischen und chemischen Vorgänge in Abhängigkeit

- des Prozessanfangsdruckes,
- der Prozessanfangstemperatur,
- der Restgasrate,
- dem Verdichtungsverhältnisses, sowie
- dem Düsendurchfluss

analysiert werden. Daraus werden dann geeignete Maßnahmen abgeleitet, die zu einer Erweiterung des Teillastbereiches bis hin zu kleinen indizierten Mitteldrücken führen.

Diese Parameter haben aber auch Einfluss auf den weiteren Prozessablauf, so dass hier auch stets das Verhalten der zweiten Verbrennung, die letztlich zum fetten Abgas führt, berücksichtig werden muss.

Die hierzu durchgeführten Motorversuche wurden an einem 2 Liter 4 Zylinder Dieselmotor mit Common-Rail Direkteinspritzung über Piezoinjektoren und Abgasturboaufladung durchgeführt. Eine nähere Beschreibung des Versuchsmotors befindet sich in Anhang B. Diese Teillastuntersuchungen sind Hauptgegenstand des experimentellen Teils dieser Arbeit.

5.1 Motorversuch zur Teillastproblematik

Senkt man den Gasdruck zu Beginn des Hochdruckprozesses mittels Androsselung am Eintritt des Einlassbehälters, so verringert sich zum einen die Gasmasse im Zylinder, zum anderen gestaltet sich der Gasdruckverlauf im Zylinder während der Verdichtung flacher, siehe hierzu **Abbildung 5.1-1** unten. Als Einlassbehälter wird hier das gesamte Volumen zwischen der Drosselklappe und den Einlassventilen bezeichnet. Die Zustände im Einlassbehälter und vor Einlass sind somit identisch. Der hier nicht dargestellte Gastemperaturverlauf im Zylinder bleibt dagegen näherungsweise konstant, da durch die adiabate Drosselung am Eintritt des Einlassbehälters keine Temperaturänderung stattfindet. Dadurch ist die Eintrittstemperatur in den Zylinder näherungsweise konstant.

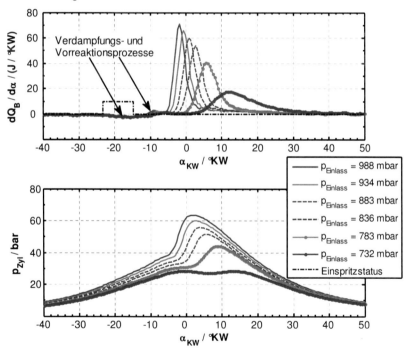

Abbildung 5.1-1: *Brenn- und Gasdruckverläufe bei Reduktion des Gasdrucks im Einlassbehälter. Drehzahl n = 2250 min⁻¹, eine einzelne Einspritzung, α_{EB} = -23.3 °KW, m_{Bhyd} = 8.9 mg/Asp, Y_{RG} = 0.06, ε = 15.8.*

Betrachtet man die Brennverläufe, in **Abbildung 5.1-1** oben, so erkennt man, dass mit zunehmender Androsselung der Brennbeginn in Richtung spät wandert und die maximale Brennrate geringer wird. Den letzten „stabilen" Brennverlauf beobachtet man bei einem Einlassbehälterdruck von 783 mbar. Dies wird deutlicher, wenn man den sogenannten Umsetzungsgrad η_U betrachtet, wie dies in **Abbildung 5.1-2** gezeigt ist. Der Umsetzungsgrad ist definiert als Quotient von der maximal freigesetzten Brennstoffwärme $Q_{B,max}$ zu der eingebrachten Wärmemenge, diese ist das Produkt aus Heizwert H_u und Brennstoffmasse m_{Bhyd}.

$$\eta_U := \frac{Q_{B,max}}{m_{Bhyd} \cdot H_u} \qquad \text{Gl. 5.1-1}$$

Von größeren Werten her kommend bleibt der Umsetzungsgrad zunächst auf dem gleichen Niveau von ca. 90 Prozent, um dann nach einer Übergangsphase steil abzufallen. Daher kann der Punkt des Umsetzungsgrades, der gerade noch auf dem hohen plateauähnlichen Niveau liegt, als Betriebsgrenze angesehen werden. Diese ist bei 783 mbar in **Abbildung 5.1-2**, rechts eingezeichnet. Weiterhin ist in **Abbildung 5.1-2**, rechts die Zündverzugszeit t_{ZV} aufgetragen, die sich mit abnehmendem Gasdruck im Einlassbehälter kontinuierlich erhöht.

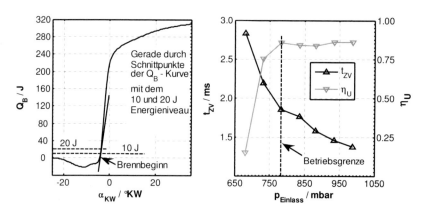

Abbildung 5.1-2: *Links: Brennbeginnermittlung anhand des integralen Brennverlaufs.*
Rechts: Umsetzungsgrad und Zündverzugszeit als Funktion des Gasdrucks im Einlassbehälter. Drehzahl n = 2250 min⁻¹, eine einzelne Einspritzung, Einspritzbeginn α_{EB} = -23.3 °KW, Brennstoffmasse m_{Bhyd} = 8.9 mg/Asp, Y_{RG} = 0.06, CZ = 43.

Die Zündverzugszeit ist als die Zeitspanne definiert, die zwischen Einspritzbeginn und Brennbeginn vergeht. Als Einspritzbeginn wird in dieser Arbeit das Abheben der Düsennadel vom Nadelsitz betrachtet. Der Brennbeginn wird mittels rückwärtiger Extrapolation auf die Q_B-Nulllinie aus dem integralen Brennverlauf $Q_B(\alpha_{KW})$ ermittelt. Hierzu wird eine Gerade durch die Punkte 10 und 20 Joule des integralen Brennverlaufes Q_B gelegt. Der Schnittpunkt mit der Nulllinie wird als Brennbeginn definiert, siehe **Abbildung 5.1-2**, links. Die Wahl des Niveaus 10 und 20 Joule orientiert sich an der gerade noch stabil darstellbaren Kleinstmenge des Injektors. Diese beträgt bei den untersuchten Injektoren ca. ein Milligramm je Einspritzung. Die beiden gewählten Energieniveaus entsprechen ungefähr 25 und 50 Prozent der durch diese kleinste Brennstoffmasse freisetzbaren Energie, wenn man einen Heizwert von ca. 43 MJ/kg zugrunde legt. Aufgrund dieses konstanten Absolutniveaus, ist diese Methode der Brennbeginnbestimmung unabhängig von der absoluten Höhe der Energieumsetzung und damit unabhängig von Einspritzmasse und Umsetzungsgrad. Sie ist deshalb geeigneter als die verbreitete Methode, den „5-Prozent-Punkt" der jeweiligen Energieumsetzung als Brennbeginn zu definieren.

Dieser einleitende Motorversuch wirft bereits diverse Fragen auf. Die Zündverzugszeit nimmt mit zunehmender Androsselung zu, sie wird aber nicht unendlich groß und führt schließlich nach wenigen Millisekunden, selbst bei dem Brennverlauf mit der spätesten in **Abbildung 5.1-1** dargestellten Schwerpunktlage, zu einer Verbrennung. Dies ist der Brennverlauf für den Einlassbehälterdruckes von 732 mbar. Bei später Schwerpunktlage des Brennverlaufs sind sowohl die maximale Umsatzrate, als auch der maximale Umsetzungsgrad stark reduziert, obwohl sich für diesen Fall die längste Zündverzugszeit eingestellt hat und damit auch die längste Gemischaufbereitungszeit. Von dieser Verbrennung würde man einen sehr spontanen Umsatz mit hohem Umsetzungsgrad erwarten, dies kann hier jedoch nicht beobachtet werden. Als Erklärung könnte man zunächst vermuten, dass die mit zunehmendem Kurbelwinkel ansteigende Volumenänderungsrate die Abkühlung des Brennraumgases aufgrund des negativen Gradienten der Gaszustandsgrößen beschleunigt und somit die Reaktionen einfriert. Dieses Verhalten, dass mit Vergrößerung der Zündverzugszeit die maximale Umsatzrate zurückgeht, kann aber auch schon bei den Brennverläufen beobachtet werden, die ihren Brennbeginn deutlich vor dem oberen Totpunkt haben. Hier herrscht noch ein positiver Druck- und Temperaturgradient des Zylindergases. Des Weiteren ist die Volumenänderungsrate in der Nähe des oberen Totpunktes vom Betrag her klein, so dass dieser Effekt erst bei größeren Kurbelwinkelstellungen zum Tragen käme und hier ausgeschlossen werden kann. In **Abbildung 5.1-1** erkennt man schließlich noch, dass bei allen dargestellten Brennverläufen bei etwa 10 Grad Kurbelwinkel vor dem oberen Totpunkt eine gewisse Vorreaktion abläuft. Die Zeitdauer dieser Vorreaktionsphase dauert unterschiedlich lange, während die erste Phase des Zündverzugs scheinbar stets gleich lang ist.

In der Zündverzugsphase laufen chemische und physikalische Effekte simultan ab. Bei den physikalischen Effekten handelt es sich um den Aufbruch des Einspritzstrahls mit anschließender Kraftstofferwärmung, Verdampfung und Gemischbildung. Energetisch ist dabei der Verdampfungsprozess am bedeutsamsten, er stellt gewissermaßen eine Wärmesenke dar. Liegt an irgend einer Stelle im Brennraum ein Gemisch vor, welches von seiner Zusammensetzung her Vorreaktionen unterstützt, so beginnt bei genügend hohen Temperaturen der mehrphasige Selbstzündungsprozess, wie er für Kohlenwasserstoffe typisch ist [4.5], [4.12]. Die Temperaturentwicklung ist hierbei sehr klein, aber grundsätzlich detektierbar.

Um bei der Druckverlaufsanalyse die Verdampfungsvorgänge von den Vorreaktionsprozessen energetisch unterscheiden zu können, ist es erforderlich ein Brennstoffmodell und ein Brennstoffverdampfungsmodell zu erstellen.

Des Weiteren bedarf es der Kenntnis des Einspritzstrahl-Penetrations-Verhaltens, insbesondere der flüssigen Brennstoffphase, um eine Kraftstoffwandanlagerung erkennen zu können.

Aus diesem Grund wurden umfangreiche optische Messungen an einer Einspritzstrahlkammer durchgeführt, worauf in den folgenden Abschnitten näher eingegangen wird. Die Auswertung der Bildaufnahmen aus der Strahlkammer dienen zum Abgleich eines thermodynamischen Einspritzstrahlmodells. Auf diese Weise ist man auch in der Lage Einspritzereignisse bei Gaszuständen, die in der Einspritzstrahlkammer nicht eingestellt werden konnten, zu quantifizieren. Zudem kann ein solches Modell mit in die Druckverlaufsanalyse eingebunden werden.

Um dieses Modell anwenden zu können, wird eine genaue Kenntnis über die Lage des hydraulischen Einspritzintervalls benötigt. Am Motorprüfstand, steht aber nur der Ansteuerverlauf des Injektors zur Verfügung. Daher wird zunächst ein Zusammenhang von Ansteuer- und Einspritzintervall abgeleitet.

5.2 Einspritzintervall-Ermittlung

Um das hydraulische Einspritzintervall aus den Ansteuerverläufen des Piezo-Injektors zu generieren, wurde das Druckwellenlaufverhalten in der Hydraulikleitung vom Brennstoff-Rail zum Injektor, sowie das Ansteuerverhalten herangezogen. **Abbildung 5.2-1** zeigt den schematischen Messaufbau am Versuchsmotor.

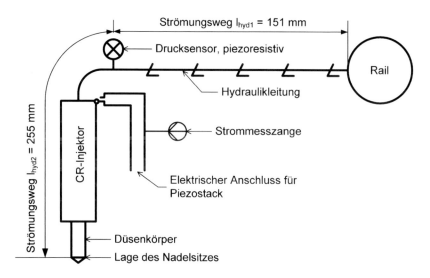

Abbildung 5.2-1: *Schematischer Messaufbau zur Erfassung des Leitungsdrucks und des Ansteuerverlaufs am Common-Rail-Injektor des Versuchsmotors.*

Der piezoresistive Drucksensor wurde so nah wie möglich am Injektor in der Einspritzleitung befestigt, so dass sich ein effektiver Strömungsweg von der Druckmessstelle zum Nadelsitz von 255 mm ergibt. Die Distanz zum Brennstoff-Rail beträgt bei diesem Aufbau 151 mm. Ein Einspritzereignis wird durch Bestromen des sogenannten Piezostacks eingeleitet. Durch das Anlegen einer elektrischen Spannung dehnt dieser sich aus und betätigt bei diesem Injektortyp ein Druckventil. Das Öffnen dieses Druckventils bewirkt ein Abfließen des unter Hochdruck stehenden Brennstoffes im Steuerraum auf der Nadeloberseite. Hierdurch entsteht ein Kräfteungleichgewicht an der Düsennadel, so dass diese sich von ihrem Nadelsitz abhebt und der Einspritzvorgang beginnt. Mit dem Beginn des Brennstoffausflusses aus der Düse beginnt eine Unterdruckwelle ausgehend vom Düsensackloch in Richtung Brennstoff-Rail zu laufen. Nach der Wellenlaufzeit t_{hyd2} erreicht diese den piezoresistiven Drucksensor. Diese Zeit berechnet sich aus der effektiven Leitungslänge l_{hyd2} des zweiten Leitungsabschnitts, siehe auch **Abbildung 5.2-1** und der resultierenden Schallgeschwindigkeit a_{res}, gemäß Gleichung 5.2-1.

$$t_{hyd2} = \frac{l_{hyd2}}{a_{res}}$$ Gl. 5.2-1

Verschiebt man die Kurve des Leitungsdruckverlaufs p_{ELtg} um diesen Betrag zu kleineren Zeiten und trägt ihn gemeinsam mit dem Ansteuerverlauf I_{Piezo} des Piezostacks auf, so lassen sich der Öffnungs- und Schließverzug direkt ablesen, siehe hierzu **Abbildung 5.2-2**.

Analog zur Unterdruckwelle bei Einspritzbeginn läuft bei Einspritzende eine Überdruckwelle vom Sackloch der Düse in Richtung Brennstoff-Rail. Aus Messungen am Einspritzverlaufsindikator ist bekannt, dass der Einspritzvorgang in guter Näherung dann beendet ist, wenn diese „Brandungswelle" das Niveau des Raildrucks erreicht, siehe auch **Abbildung 5.2-2**.

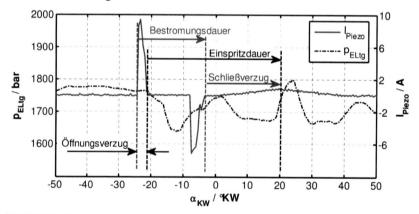

Abbildung 5.2-2: *Ansteuerverlauf und Druckverlauf in der Einspritzleitung nahe dem Injektor im Nennleistungspunkt n = 4000 min⁻¹. Der Leitungsdruckverlauf ist um die Wellenlaufzeit korrigiert dargestellt.*

Die Genauigkeit dieses Verfahrens hängt von der Kenntnis der resultierenden Schallgeschwindigkeit a_{res} ab. Diese ist keine reine Stoffgröße des Brennstoffs mehr. Sie unterscheidet sich von der Schallgeschwindigkeit des reinen Brennstoffs a_{Bst} durch den Einfluss von Gaseinschlüssen innerhalb des Brennstoffs und der Elastizität des Einspritzsystems [5.1]. Daher wurde die resultierende Schallgeschwindigkeit durch Frequenzmessungen der stehenden Welle, die sich nach Abschluss der Einspritzung in dem gesamten Strömungsweg ausbildet, bestimmt. Für die Frequenz der Grundschwingung $f_{0,hyd}$ in einer Leitung mit einseitig geschlossenem Ende [5.2] gilt mit den Bezeichnungen aus **Abbildung 5.2-1**:

$$f_{0,hyd} = \frac{a_{res}}{4 \cdot (l_{hyd1} + l_{hyd2})} .$$

Gl. 5.2-2

Nach Abschluss der Einspritzung stellt der Brennstoffpfad vom Brennstoff-Rail zur Injektorspitze ein solches System dar. Die sich dann einstellende abklingende Schwingung zeigt **Abbildung 5.2-3**, links. Wertet man eine Vielzahl solcher Versuche bei verschiedenen Brennstoffdrücken im Rail aus, so erhält man die in **Abbildung 5.2-3**, rechts dargestellte Korrelation für die resultierende Schallgeschwindigkeit. Als beste Korrelation wurde hier ein linearer Ansatz gefunden. Die Theorie liefert für ein reines Fluid mit konstantem isothermen Ausdehnungskoeffizienten einen degressiv ansteigenden Verlauf der Schallgeschwindigkeit in Anhängigkeit vom Druck. Die Bauteilelastizitäten wirken dabei in Richtung konstanter resultierender Schallgeschwindigkeit, wobei auch die Krümmung des Kurvenlaufes abnimmt. Daher ist es legitim, die Messwerte durch eine Gerade anzunähern.

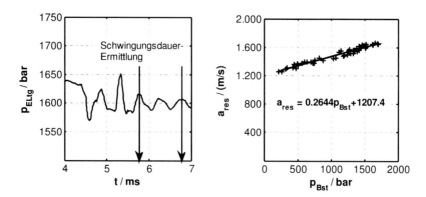

Abbildung 5.2-3: Links: Druckschwingungen in der Einspritzleitung aufgrund der stehenden Welle; Rechts: Resultierende Schallgeschwindigkeit in Abhängigkeit des Brennstoffdruckes p_{Bst}.

Hiermit lässt sich der Laufzeitverzug aus den Leitungsdruckverläufen nach Gleichung 5.2-1 genauer bestimmen. Dadurch ist es möglich, in Abhängigkeit vom Ansteuerverlauf des Piezostacks auf den hydraulischen Einspritzbeginn, sowie das hydraulische

Einspritzende rückzuschließen. Die Auswertung von ca. 80 Einspritzereignissen sind in **Abbildung 5.2-4** gezeigt. Diese Daten wurden aus einer Kennfeldvermessung am Motorprüfstand gewonnen. Es wurden nur die Einspritzereignisse für die Auswertung herangezogen, bei denen diese in einem ausreichenden zeitlichen Abstand zu anderen Einspritzereignissen standen. In **Abbildung 5.2-4** ist der Schließverzug über den wie folgt definierten Einspritzmengenindex I_{Qhyd} aufgetragen.

$$I_{Qhyd} := \frac{V_{Bhyd}}{n_{DL} \cdot A_{DL,eff}} = \Delta t_{Inj,total} \cdot \sqrt{\frac{p_{Rail}}{\rho_{Bst,0}}} \qquad \text{Gl. 5.2-3}$$

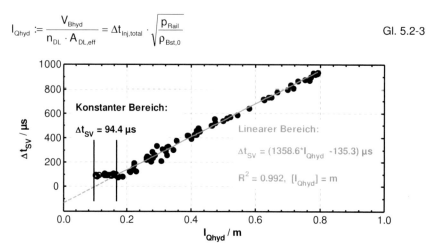

Abbildung 5.2-4: *Schließverzug des Injektors in Abhängigkeit vom Einspritzmengenindex.*

Die Einspritzmenge ist proportional zum mittleren Volumenstrom durch die Düsenlöcher und der Nadelöffnungszeit, hier als hydraulische Zeit Δt_{Qhyd} bezeichnet. Der Volumenstrom ist nach Bernoulli proportional zur Wurzel aus dem treibenden Druckgefälle dividiert durch die Fluiddichte. Diese Abhängigkeit wird bei Vernachlässigung des Zylinderdruckes durch den Wurzelausdruck in Gleichung 5.2-3 dargestellt. Die Einspritzzeit Δt_{Qhyd} ist in Gleichung 5.2-3 durch die totale Ereignisdauer $\Delta t_{Inj,total}$ ersetzt worden. Einspritzzeit Δt_{Qhyd} und totale Ereignisdauer $\Delta t_{Inj,total}$ unterscheiden sich nur durch den Öffnungsverzug Δt_{OeV}, siehe Gleichung 5.2-4 bzw. **Abbildung 5.2-2**. Für die gesamte Ereignisdauer $\Delta t_{Inj,total}$ gilt stets der folgende Zusammenhang:

$$\Delta t_{Inj,total} = \Delta t_{ET} + \Delta t_{SV} = \Delta t_{OeV} + \Delta t_{Qhyd} \ . \qquad \text{Gl. 5.2-4}$$

Der so definierte Einspritzmengenindex repräsentiert daher in geeigneter Weise die Einspritzmenge und erlaubt zusätzlich noch durch Extrapolation das Ablesen des

Ordinatenwert in der **Abbildung 5.2-4**. Dieser Ordinatenwert entspricht als negativer Schließverzug dem Öffnungsverzug. Man leist hier $\Delta t_{SV0} = \Delta t_{OeV} = -135.3$ µs ab. Die Messwerte in **Abbildung 5.2-4** zeigen einen Konstant- und Linearbereich. Mittels einer Maximalwertauswahl in Gleichung 5.2-5 werden beide Bereiche rechnerisch berücksichtigt:

$$\Delta t_{SV} = \max\left[\Delta t_{SV\min}, \frac{k_{SV1} \cdot \Delta t_{ET} \sqrt{\dfrac{p_{Rail}}{\rho_{Bst}}} + \Delta t_{SV0}}{\left(1 - k_{SV1}\sqrt{\dfrac{p_{Rail}}{\rho_{Bst}}}\right)}\right].$$ Gl. 5.2-5

Als Einheiten für die in Gleichung 5.2-5 eingehenden Größen gelten die SI-Einheiten. Die benötigten Zahlenwerte lassen sich aus **Abbildung 5.2-4** ablesen. Die Gleichung 5.2-5 gilt für den Fall, dass der Bruch in der eckigen Klammer positiv ist, beziehungsweise, dass für die Ansteuerdauer die Gleichung 5.2-6 erfüllt ist.

$$\Delta t_{ET} \geq \frac{-\Delta t_{SV0}}{k_{SV1}\sqrt{\dfrac{p_{Rail}}{\rho_{Bst}}}}$$ Gl. 5.2-6

Anderenfalls wird Gleichung 5.2-5 nicht verwendet und die Schließverzugszeit Δt_{SV} zu null gesetzt. Auf diese Weise ist man in der Lage, anhand des gemessenen Ansteuerintervalls Δt_{ET} auf Lage und Dauer des hydraulischen Einspritzintervalls Δt_{Qhyd} zu schließen. Das Ansteuerintervall Δt_{ET} wurde im Rahmen dieser Arbeit aus dem vom Indiziersystem am Motorprüfstand aufgezeichneten Bestromungs- und Entstromungsverläufen des Piezostacks ermittelt, siehe **Abbildung 5.2-2**.
Physikalisch erklärt sich diese gute Korrelation über die Nadelkinematik: Moderne Common-Rail-Injektoren werden meist im sogenannten ballistischen Bereich betrieben [5.3], d. h. die Düsennadel erreicht -abgesehen vom Nadelsitz- während des gesamten Einspritzereignis keinen weiteren mechanischen Anschlag. Der Nadelhubverlauf bei der Öffnungs- und Schließbewegung ist weitestgehend linear über der Zeit [5.3], [5.4]. Die Nadelgeschwindigkeit wächst mit dem Raildruck. Dies bedeutet, dass der Schließvorgang umso länger dauert, je weiter sich die Düsennadel von ihrem Sitz entfernt hat. Diese Entfernung wächst mit dem Raildruck und einer charakteristischen Zeit vom Nadelabheben bis zur Bewegungsrichtungsumkehr. Diese Zeit wird hier proportional zu $\Delta t_{Inj,total}$ angesehen.

5.3 Einspritzraten-Ermittlung

Die Ermittlung der Einspritzraten für die einzelnen Einspritzungen innerhalb eines Arbeitsspieles wird individuell vorgenommen. Die gesamte Einspritzmasse teilt sich im Allgemeinen in bis zu 3 Voreinspritzungen, eine Haupteinspritzung und bis zu 3 Nacheinspritzungen auf. Im Rahmen dieser Arbeit wird für die jeweilige Einspritzung eine mittlere Einspritzrate definiert.

Hierzu werden die einzelnen Einspritzmengen $m_{BMSG,i}$, die aus dem Motorsteuergerät hervorgehen, mit einem Korrekturfaktor k_{mBhyd} multipliziert und anschließend durch die in Kapitel 5.2 ermittelte Einspritzdauer $\Delta t_{Qhyd,\,i}$ dividiert. Der Index „i" bezeichnet dabei eine beliebige Einspritzung einer aus mehreren Einzeleinspritzungen bestehenden Einspritzfolge. Die mittlere Einspritzrate $\dot{m}_{Bhyd,\,i}$ einer beliebigen Einspritzung „i" berechnet sich somit wie folgt:

$$\dot{m}_{Bhyd,\,i} := \frac{m_{BMSG,\,i}}{\Delta t_{Qhyd,\,i}} \cdot k_{mBhyd} \; . \qquad\qquad \text{Gl. 5.3-1}$$

Der Korrekturfaktor k_{mBhyd} definiert sich als Quotient aus der am Motorprüfstand ermittelten tatsächlich hydraulisch eingespritzten Gesamtbrennstoffmasse $m_{Bhyd,\,total}$ und der theoretisch vom Motorsteuergerät berechneten Gesamteinspritzmasse. Dies ist die Summe aller vom Motorsteuergerät berechneten Einzelbrennstoffmassen. Für den Korrekturfaktor k_{mBhyd} gilt somit:

$$k_{mBhyd} := \frac{m_{Bhyd,\,total}}{\sum\limits_{i=1}^{i\,max} m_{BMSG,\,i}} \; . \qquad\qquad \text{Gl. 5.3-2}$$

Auf diese Weise wird der Brennstoffmassenfehler der Motorsteuerung gleichmäßig auf die einzelnen Einspritzungen verteilt.

Weiterhin ist dies die Grundlage zur Berechnung einer mittleren Einspritzgeschwindigkeit, wie sie für das später vorgestellte Strahlmodell benötigt wird. Auf Basis der in Kapitel 5.2 abgeleiteten Einspritzintervall-Ermittlung und der hier vorgestellten Ratenermittlung ist man in der Lage, Verlauf und Verteilung der Brennstoffeinspritzung zu quantifizieren, **Abbildung 5.3-1** zeigt einen solchen Verlauf der Brennstoffeinbringung am Beispiel eines Betriebspunktes während des DeNOx-Betriebes.

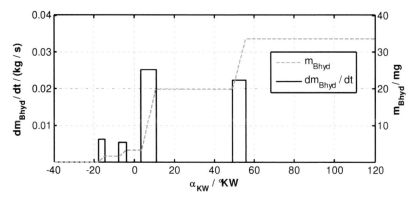

Abbildung 5.3-1: Modellierungsbeispiel des Einspritzraten-Verlaufs und des Einspritzmassen-Verlaufs während des DeNOx-Betriebes bei $n = 2250$ min^{-1} und $p_{mi} = 8.3$ bar.

5.4 Einspritz-Strahlkammerversuche

Im DeNOx-Betrieb eines Dieselmotors erfolgt der Einspritzvorgang in sehr vielen Betriebszuständen in eine Gasatmosphäre mit sehr geringer Dichte. Dies betrifft zum einen die Vor- und Haupteinspritzung im stark angedrosselten Teillastbetrieb, zum anderen die Nacheinspritzungen in nahezu allen Betriebspunkten.

Ein großer Unterschied zwischen Vor- und Haupteinspritzung einerseits und Nacheinspritzung andererseits besteht in der sehr unterschiedlichen Gastemperatur zum Zeitpunkt der Einspritzung. Während erstere in eine Atmosphäre mit dieseltypischen Verdichtungsendtemperaturen (Größenordnung 700 bis 1000 K) eingespritzt wird, liegen für die Nacheinspritzungen in der Regel deutlich höhere Temperaturen (über 1000 K) vor. Um diese Gemischbildungsvorgänge besser zu verstehen, wurden umfangreiche Einspritzstrahl-Messungen an einer optisch zugänglichen Einspritzstrahlkammer in Auftrag gegeben. Der Versuchsplan, die anschließende Auswertung und Interpretation des Bildmaterials sind vom Autor im Rahmen dieser Arbeit bearbeitet worden. Die optischen Messungen wurden mittels der sogenannten Schlierenmethode innerhalb einer heißen Stickstoffatmosphäre durchgeführt. Hierbei wird der Effekt ausgenutzt, dass Dichtegradienten im untersuchten Medium Änderungen des optischen Brechungsindex hervorrufen, wodurch es zur Ablenkung des eingestrahlten Lichtes kommt.

Hierdurch tritt eine Lichtintensitätsabnahme in Betrachtungsrichtung auf, die proportional zum Dichtegradienten ist.

Die Versuche wurden mit 3 verschiedenen Düsendurchflusswerten und 2 verschiedenen Realkraftstoffen durchgeführt. Dies war zum einen der in Europa erhältliche Tankstellen-Dieselkraftstoff, im Folgenden als Brennstoff 1 oder EUDK bezeichnet, mit bis zu 7 Prozent Biokraftstoffanteil, zum anderen der an Tankstellen in den USA erhältliche Kraftstoff mit hohem Aromatenanteil und flach verlaufender Siedekurve, im Folgenden als Brennstoff 2 oder USDK bezeichnet.

Bei den Düsendurchflusswerten wurden am selben Injektortyp, die Durchflussnennwerte 600, 705 und 785 untersucht. Der Zahlenwert gibt das Durchflussvolumen in Kubikzentimeter innerhalb von 60 Sekunden bei einer Druckdifferenz von 100 bar an. Im Folgenden werden diese Düsen als 600er, 705er und 785er bezeichnet. Der Injektortyp ist ein Piezo-Common-Rail-Injektor, identisch zu dem des Versuchsmotors.

Für die optischen Versuche wurden in der Strahlkammer 3 repräsentative Gasdichten ρ_{GSK} (6, 10 und 16 kg/m^3) und 2 Gastemperaturen T_{GSK} (673, 773 K) eingestellt. Die Gastemperatur von 773 K stellt den Maximalwert für diese Strahlkammer dar.

Am Einspritzsystem wurden Einspritzmasse m_{Bhyd} und Raildruck p_{Rail} variiert. Für alle Versuche wurde als Einspritzmuster eine Einzeleinspritzung gewählt.

Es wurden 3 verschieden Einspritzmengen (2.5, 5 und 10 mg/Asp) und 3 verschiedene Raildrücke (300, 600, 1000 bar) untersucht.

Zur Analyse der 705er Düse wurden alle Kombinationen aus Dichte, Temperatur, Einspritzmenge, Raildruck und Brennstoffsorte vermessen. Die Erkenntnisse aus der Vermessung der 705er Düse erlaubten es den Versuchsraum für die 600er und die 785er Düse zu reduzieren. Es wurden für diese beiden Injektoren nur ausgewählte Einstellungs-Kombinationen untersucht.

Beim stark angedrosselten DeNOx-Betrieb sind insbesondere die ersten Einspritzungen innerhalb eines Arbeitsspieles aufgrund ihrer Initialwirkung für den weiteren Prozessablauf von großem Interesse. Daher wurde bei diesen Strahlkammeruntersuchungen der Fokus auf niedrige Gasdichten und kleine und kleinste Einspritzmengen gelegt.

Neben dem besseren Verständnis der Gemischbildungsabläufe bei niedrigen Gasdichten, dienen diese Versuche dem Abgleich des in Kapitel 6 beschriebenen thermodynamischen Strahlmodells.

Anhand dieses Modells können Zustände quantitativ beschrieben werden, die hier messtechnisch nicht erfasst werden können. Insbesondere die Gastemperatur in der Strahlkammer ist nach oben hin begrenzt. Für das Strahlmodell einerseits und dem realen Motorbetrieb andererseits sind insbesondere die folgenden Strahlmerkmale von Interesse:

- die Penetrationslänge der Gasphase
- die Penetrationslänge der flüssigen Phase
- der Öffnungswinkel der Strahlkeule
- das Strahlbewegungsverhalten nach Einspritzende
- das Verdampfungsverhalten nach Einspritzende

Während eines Einspritzvorganges wurde jeweils ein Bild aufgenommen. Durch Verschieben des Aufnahmezeitfensters von Einspritzung zu Einspritzung kann so eine fortlaufende Bildfolge erzeugt werden. Die Zeitspanne um die das Aufnahmezeitfenster jeweils verschoben wurde betrug 20 µs. Anhand dieser Bilderfolge können jeweils die Penetrationslängen ausgemessen werden. Wenn im weiteren Verlauf von Penetrationslängen und Strahlwinkeln die Rede ist, ist damit der Mittelwert aller 8 Einspritzstrahlen gemeint. Die folgende **Abbildung 5.4-1** zeigt die Einspritzung einer Masse von 10 Milligramm US-Dieselkraftstoff an charakteristischen Punkten während des Einspritzvorganges bei 2 verschiedenen Gasdichten ρ_{GSK} in der Strahlkammer. Die linke Bildspalte zeigt den Einspritzvorgang bei einer Dichte von $\rho_{GSK} = 6$ kg/m^3. In der rechten Spalte ist der gleiche Einspritzvorgang in einer Dichte von $\rho_{GSK} = 16$ kg/m^3 zu sehen. Man erkennt die deutlich schnellere Penetration, verbunden mit schlechterer Strahlauflösung, d. h. kleinerer Strahlwinkel, bei der kleinen Gasdichte in der Strahlkammer. Hier erreicht der Strahl bereits 100 µs nach dem hydraulischen Ende der Einspritzung die Grenze des bei dieser Strahlkammer sichtbaren Bereiches von ca. 80 mm. Dieses Maß entspricht etwa dem Bohrungsdurchmesser des Versuchsmotors.

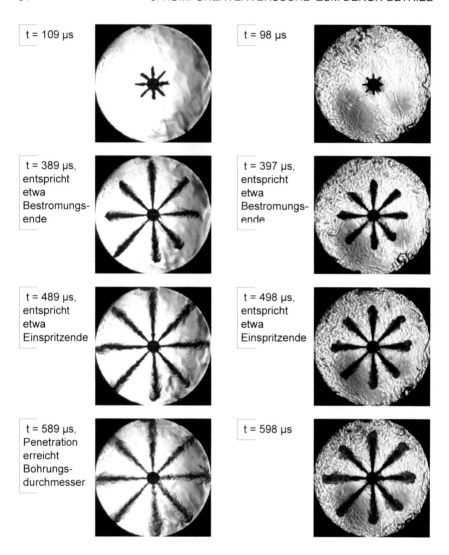

t = 109 µs	t = 98 µs
t = 389 µs, entspricht etwa Bestromungs- ende	t = 397 µs, entspricht etwa Bestromungs- ende
t = 489 µs, entspricht etwa Einspritzende	t = 498 µs, entspricht etwa Einspritzende
t = 589 µs, Penetration erreicht Bohrungs- durchmesser	t = 598 µs

Abbildung 5.4-1: *Schlierenaufnahmen bei verschiedenen Gasdichten in der optisch zugänglichen Strahlkammer, links ρ_{GSK} = 6 kg/m³, rechts ρ_{GSK} = 16 kg/m³, Kammertemperatur T_{GSK} = 773 K, m_{Bhyd} = 10 mg US-Dieselkraftstoff, p_{Rail} = 600 bar, 705er Düse.*

Man erkennt deutlich die langsamere Penetration bei der höheren Gasdichte. Hier wird eine Penetration in der Größenordnung des Bohrungsdurchmessers erst zu späteren Zeitpunkten erreicht. Die Strahlpenetration wird durch Ausmessen der Distanz zwischen Lochkranz und Strahlspitze für jeden Einspritzstrahl in den Schlierenaufnahmen ermittelt. Durch arithmetische Mittelung erhält man die mittlere Strahlspitzen-Penetrationslänge, im Folgenden nur als Penetrationslänge x_{Spray} bezeichnet, wie es in **Abbildung 5.4-2**, links, gezeigt ist. Zwei weitere wichtige Größen sind der Strahlwinkel des Einspritzstrahles und die Penetrationslänge der flüssigen Phase x_{Liq}. Die Ermittlung der Penetrationslänge der flüssigen Phase wird analog zur Ermittlung der Strahlspitzen-Penetration durchgeführt. Hierzu wird jedoch die Bilddarstellung invertiert, so erscheinen die dichtesten Strahlbereiche hell, siehe **Abbildung 5.4-2**. Bei diesen Bereichen handelt es sich mit hoher Wahrscheinlichkeit um flüssigen Brennstoff.

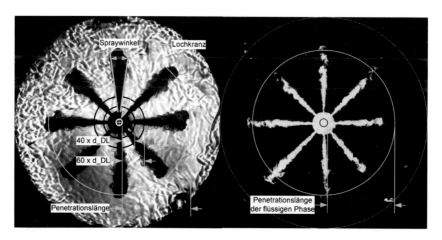

Abbildung 5.4-2: *Schlierenaufnahmen bei unterschiedlicher Darstellungsart, links: normale Darstellung, rechts: inverse Darstellung. Gasdichte ρ_{GSK} = 16 kg/m³, Gastemperatur T_{GSK} = 773 K, m_{Bhyd} = 10 mg US-Dieselkraftstoff je Einspritzung, p_{Rail} = 600 bar, 705er Düse.*

Aus dem sehr umfangreichen Messprogramm kann, um den Rahmen dieser Arbeit nicht zu sprengen, nur eine gewisse Auswahl an Ergebnissen der Versuchsmatrix gezeigt werden.

Die Auswertung des Penetrationsverhaltens einer oben beschriebenen Aufnahmereihe zeigt **Abbildung 5.4-3**. Man erkennt, dass das Strahl-Penetrationsverhalten der 600er Düse kaum von dem der 705er Düse abweicht. Unterschiede zeigen sich jedoch in dem Penetrationsverhalten der flüssigen Phase. Hier wird bei der 600er Düse bereits vor dem hydraulischen Einspritzende die maximale Penetrationslänge der flüssigen Phase erreicht. Nach dem Ende der Einspritzung bildet sich die Länge der flüssigen Phase zurück. Dies ist bei allen untersuchten Düsengrößen und Gaszuständen zu beobachten.

Für die hier untersuchten Einspritzmassen von maximal 10 mg je Einspritzung war die hydraulische Einspritzzeit allerdings zu kurz, um bei niedrigen Gasdichten die maximale Penetrationslänge ermitteln zu können. Dies gelang nur bei den Versuchen mit der 600er Düse, für die 705er Düse nur bei der größten Gasdichte von 16 kg/m³.

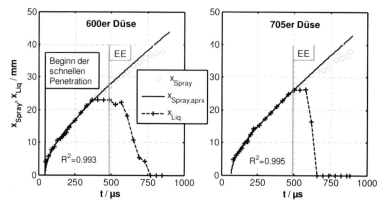

Abbildung 5.4-3: *Strahleindringverhalten bei verschiedenen Düsendurchflüssen: Gasdichte ρ_{GSK} = 16 kg/m³, Gastemperatur T_{GSK} = 773 K, m_{Bhyd} = 10 mg US-Dieselkraftstoff je Einspritzung, p_{Rail} = 600 bar.*

Das Verhalten der Rückbildung der flüssigen Phase bietet eine Möglichkeit Wandkontakt von flüssigem Brennstoff zu reduzieren bzw. ganz zu vermeiden, indem die Einspritzmasse in mehrere kleine Teilmassen aufgeteilt wird. Durch frühes Abbrechen der Einspritzung dringt die flüssige Phase näherungsweise nicht weiter in den Brennraum ein, sondern löst sich kurz nach Einspritzende auf, wie dies in **Abbildung 5.4-4** für kleine und kleinste Einspritzmassen gezeigt ist.

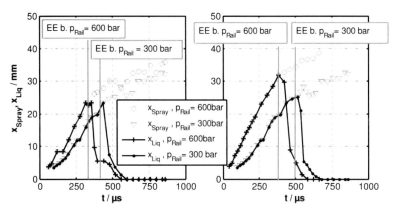

Abbildung 5.4-4: *Strahleindringverhalten bei verschiedenen Einspritzmassen: Gasdichte ρ_{GSK} = 6 kg/m³, Gastemperatur T_{GSK} = 773 K, links: m_{Bhyd} = 2.5 mg je Einspritzung, rechts: m_{Bhyd} = 5.0 mg je Einspritzung; p_{Rail} = 300 und 600 bar, US-Dieselkraftstoff.*

Das Strahlpenetrationsverhalten teilt sich in eine langsame und eine schnelle Penetrationsphase auf. Nach [5.5] wird die langsame Penetrationsphase durch die Drosselung der sich bewegenden Düsennadel, die zu Beginn der Einspritzung noch nicht den vollen Querschnitt freigibt, begründet. Die Dauer der langsamen Penetration nimmt wegen der größeren Nadelbeschleunigung mit steigendem Raildruck ab. Um diese beiden Phasen zu trennen, wird die Tatsache ausgenutzt, dass sich zu Beginn der schnellen Penetrationsphase der Strahlspitzenweg proportional zur Zeit verhält, d.h. es gilt:

$$x_{Spray} \sim t_{SP}, \text{ für } t_{SP} \text{ nahe null.} \qquad \text{Gl. 5.4-1}$$

Die Größe t_{SP} ist dabei die Zeitskala der schnellen Penetration. Für große Werte von t_{SP} ist der Strahlspitzenweg proportional der Wurzel aus der Zeit, d.h. es gilt nach [5.5]:

$$x_{Spray} \sim \sqrt{t_{sp}}, \text{ für große } t_{SP}. \qquad \text{Gl. 5.4-2}$$

Ein geeigneter mathematischer Ansatz, mit dem die Messwerte gut an dieses Verhalten angepasst werden können, ist der Folgende:

$$x_{Spray,aprx} = \sqrt{c_2 t^2 + c_1 t + c_0}.$$ Gl. 5.4-3

Dieser Ansatz bietet Vorteile bei der praktischen Anwendung gegenüber einem komplexeren, logarithmischen Ansatz, wie man ihn zum Beispiel in [5.5] findet. Die so erzeugte Größe $x_{Spray,aprx}$ ist die approximierte Strahlspitzenpenetration. Wird dieser Ansatz auf das Zeitintervall von Einspritzbeginn bis Einspritzende angewendet, so ergibt sich eine Korrelationsgüte R^2 größer als 0.99, wie es aus *Abbildung 5.4-3* abzulesen ist. Nach Abschluss der Einspritzung weicht das Penetrationsverhalten allerdings von diesem Ansatz ab.

Den Beginn der schnellen Penetration findet man durch Nullstellenbestimmung des Polynoms im Radikanten von Gleichung 5.4-3. Es ist der Zeitpunkt an dem die Näherungskurve $x_{Spray,aprx}$ die Zeitachse schneidet. Rechts von diesem Punkt liegt die schnelle, links davon die langsame Penetrationsphase. Die Kenntnis dieses Punktes ist für den späteren Abgleich mit dem thermodynamischen Strahlmodell, sowie für das Zeitintervall der Winkelbestimmung von besonderer Wichtigkeit.

Die Winkelbestimmung erfolgt nach [4.13] im Abstand des 60-fachen Düsenlochdurchmessers von der Düsenmündung. Da die hier verwendete Software nach einem Abstandsintervall verlangt, wurde für das Intervall der 40 bis 60-fache Düsenlochdurchmesser gewählt, siehe auch *Abbildung 5.4-2*. Für die hier untersuchten 8-Loch-Düsen war der Lochdurchmesser nicht bekannt. Er wurde daher aus den Düsendurchflusswerten mittels der folgenden Ausflussgleichung bestimmt:

$$\dot{V}_{DL} = n_{DL} \cdot \mu_{DL} \cdot d_{DL}^2 \cdot \frac{\pi}{4} \cdot \sqrt{\frac{2\Delta p_{DL}}{\rho_{Pr\ddot{O}l}}}.$$ Gl. 5.4-6

Setzt man die bekannten Größen ein und löst nach dem Düsenlochdurchmesser d_{DL} auf, so ergibt sich bei einer Prüföldichte $\rho_{Pr\ddot{O}l}$ von 827 kg / m^3 [5.6] die folgende, zugeschnittene Größengleichung:

$$\frac{d_{DL}}{\mu m} = 11.68 \cdot \sqrt{\frac{Q_{Hyd}}{cm^3 / min \, (bei \, \Delta p_{DL} = 100 \, bar)} \cdot \frac{1}{n_{DL} \cdot \mu_{DL}}}.$$ Gl. 5.4-7

Die Durchflussbeiwerte μ_{DL} für zylindrische Löcher liegen bei 0.63, hydroerosiv verrundete und konisch verlaufende Löcher von modernen Dieseleinspritzdüsen bewegen sich in einem Bereich von 0.83 bis 0.92, [4.13], [5.7], [5.8]. Wendet man diese Werte in Gleichung 5.4-7 an, so ergeben sich als minimal bzw. maximal mögliche Lochdurchmesser die in **Tabelle 5.4-3** für die verschiedenen Düsentypen angegebenen Werte. Der ebenfalls enthaltene minimale Messabstand zur Winkelermittelung beträgt das 40-fache des kleinst möglichen Düsenlochdurchmessers. Analog dazu beträgt der maximale Messabstand zur Winkelermittelung das 60-fache des größten möglichen Düsenlochdurchmessers.

Tabelle 5.4-3: *Genäherte Düsenlochdurchmesser und sich daraus ergebende Abstände vom Düsenloch zur Strahlwinkelbestimmung.*

Q_{Hyd} / (cm³/min bei Δp_{DL}=100 bar)	d_{DLmin} / µm	d_{DLmax} / µm	minimaler Messabstand: 40 d_{DLmin} / mm	maximaler Messabstand: 60 d_{DLmax} / mm	$K_{Düse}$
600	110	128	5.6	8.9	4.64
705	119	139	6.0	9.5	3.75
785	126	146	6.2	10.0	3.96

Die Größe $K_{Düse}$ ist die Abgleichgröße für den Strahlwinkel in Gleichung 5.4-8.

Bei der Bestimmung des Strahlwinkels wurden folgende Kriterien zu Grunde gelegt:

- Die Strahlspitze hat den maximalen Messabstand, d.h. das 60-fache von d_{DLmax} überschritten,
- Die schnelle Penetrationsphase hat bereits begonnen.
- Das Einspritzende ist noch nicht erreicht.

Aufgrund dieser Vereinbarungen ist der so ermittelte Strahlwinkel nicht von Beginn der Einspritzung an bestimmbar. **Abbildung 5.4-4**, links, zeigt den Verlauf des Strahlwinkels bei verschiedenen Raildrücken. Hier wurde 10 mg US-Diesel in eine Stickstoffatmosphäre von 773 K bei einer Dichte von 6 kg/m³ eingespritzt. Der Strahlwinkel α_{Spray} wird hier als Winkel von Flanke zu Flanke angegeben.

Der stationäre Strahlwinkel ist als Mittelwert über die letzten 180 µs vor Einspritzende ermittelt worden. Hierdurch konnte gewährleistet werden, dass Messwerte aus der Winkelüberhöhung nicht zur Mittelwertbildung beitragen. Dieser Mittelwert ist als waagerechte Linie in **Abbildung 5.4-4** eingezeichnet.

Eine mit diesen Messwerten gut korrelierende Beziehung für den Tangens des Strahlhalbwinkels ist die Gleichung von Bracco nach [4.13], die wie folgt lautet:

$$\tan\left(\frac{\alpha_{Spray}}{2}\right) = \frac{2\pi}{K_{Düse}\sqrt{3}}\sqrt{\frac{\rho_{AmbGas}}{\rho_{Bst,0}}} \; .$$ Gl. 5.4-8

Diese Gleichung besagt, dass die Dichten vom umgebenden Gas ρ_{AmbGas} und dem Brennstoff ρ_{Bst} die einzig relevanten Stoffgrößen sind. Die Konstante $K_{Düse}$ muss experimentell bestimmt werden. Hierzu ist es von Vorteil, sie zunächst zu 1 zu setzen und $\tan(\alpha_{Spray1} / 2)$ gegenüber den aus den Messwerten ermittelten $\tan(\alpha_{Spray,Mess} / 2)$ aufzutragen. Der Winkel α_{Spray1} ist der nach Gleichung 5.4-8 berechnete Winkel, wenn hier $K_{Düse}$ zu 1 gesetzt wird. Die Konstante $K_{Düse}$ ergibt sich dann unmittelbar aus der Steigung einer durch den Ursprung gehenden Regressionsgeraden, siehe **Abbildung 5.4-4**, rechts. Es wurde für die Ermittlung der Düsenkonstanten nicht zwischen den verschiedenen Brennstoffsorten unterschieden. Der Einfluss ergibt sich über die Brennstoffdichte gewissermaßen von selbst.

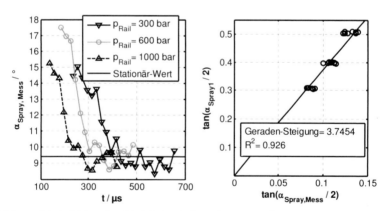

Abbildung 5.4-4: Links: Strahlwinkelverhalten der 705er Düse bei verschiedenen Einspritzdrücken. Gasdichte ρ_{GSK} = 6 kg/m³, Gastemperatur T_{GSK} = 773 K, m_{Bhyd} = 10 mg US-Dieselkraftstoff je Einspritzung. Rechts: Korrelation von gemessenem und berechnetem Tangens des Strahlhalbwinkels.

Der Korrelationskoeffizient R^2 kann mit einem Wert größer 0.9 als gut bewertet werden, wenn man beachtet, dass die Winkelbestimmung aus den Strahlaufnahmen eine Genauigkeit von etwa einem Grad an jeder Flanke besitzt. Damit besteht eine Unsicherheit von maximal 20 Prozent bei der Winkelbestimmung.

Der mittels Gleichung 5.4-8 berechnete Stationärwert für den Strahlwinkel fügt sich gut in die Messreihe ein, wie in **Abbildung 5.4-4** zu erkennen ist.

Die auf diese Weise ermittelten Düsenkonstanten sind bereits in **Tabelle 5.4-4**, rechte Spalte, enthalten.

In **Abbildung 5.4-4**, links ist zu erkennen, dass der stationäre Strahlwinkel erst im weiteren Verlauf der Einspritzung erreicht wird. Die Zeitpunkte $\Delta t_{\alpha,Spray,stat}$, an denen dies geschieht, wachsen mit fallendem Raildruck. Bezieht man diese Zeiten jedoch auf die jeweilige Einspritzdauer, so ergibt sich in erster Näherung immer derselbe Quotient:

$$\frac{\Delta t_{\alpha,Spray,stat}}{\Delta t_{Qhyd}} \approx 0.67 . \qquad\qquad \text{Gl. 5.4-9}$$

Geht man von einer konstanten Einspritzrate während des Einspritzintervalls aus, so ist bis zum Erreichen des stationären Strahlwinkels stets die gleiche Brennstoffmasse durch die Düse geflossen, d.h. bei diesen Versuchen wären unter diesen Voraussetzungen ungefähr 6.7 mg Brennstoff durch alle Düsenlöcher geströmt, ehe sich der stationäre Strahlwinkel einstellt. Dies legt die Vermutung nahe, dass für diese Winkelaufweitung die Brennstoffkavitation in den Düsenlöchern verantwortlich ist. Kavitation wird durch heißen Brennstoff gefördert. Diese Brennstoffstoffaufheizung findet durch die hohe Temperaturdifferenz vom Injektormaterial zum vorgelagerten Brennstoff statt. Nur in der Nähe der Injektorspitze sind die Temperaturen hoch genug um während der Vorlagerungszeit zwischen zwei aufeinander folgenden Einspritzereignissen eine spürbare Aufheizung zu erzielen. Daher beträgt diese Masse nur ein Bruchteil dessen, was der Injektor an Brennstoff zu speichern vermag.

Ein Einfluss von Drosseleffekten durch die Düsennadel kann hingegen für dieses Phänomen ausgeschlossen werden, da die gemessene Winkelaufweitung zeitlich sehr viel länger anhält, als die bereits erwähnte langsame Penetrationsphase. Die langsame Penetrationsphase wird aber maßgeblich durch Drosseleffekte der noch nicht vollständig geöffneten Düsennadel verursacht [5.5]. Die Winkelbestimmung erfolgte, wie eingangs vorausgesetzt, nur während der schnellen Penetrationsphase. Die Winkelaufweitung selbst ist für die spätere Diskussion der Zündeinleitung von Bedeutung.

5.5 Zusammenfassung der Vorversuche zum DeNOx-Betrieb

Um die Prozesse im Zylinder des Versuchsmotors während der Einspritzung, Zündung und Verbrennung separieren zu können, ist die genaue Kenntnis des Einspritzintervalls und des Brennstoffverdampfungsverhaltens nötig.

Zunächst wurde in diesem Kapitel ein empirisches Modell vorgestellt, welches auf Basis der Injektoransteuerung mit guter Genauigkeit die Lage und die mittlere Rate der Brennstoffeinspritzung beschreibt.

Dieses konnte bereits erfolgreich bei der Auswertung der Strahlaufnahmen aus der optisch zugänglichen Strahlkammer angewendet werden.

Die Aufnahmen dienen einerseits als Datenbasis zum Abgleich für das im Folgenden vorgestellte thermodynamische Strahlmodell, aus dem die Brennstoffverdampfungsrate und die Berechnung eines eventuellen Wandkontaktes der flüssigen Phase hervorgeht. Andererseits dienen sie dem Aufzeigen von charakteristischen Strahlmerkmalen, wie zum Beispiel das starke Auffächern kurz nach Beginn der Einspritzung oder die Rückbildung der flüssigen Phase nach dem hydraulischen Einspritzende. Diese Erkenntnisse können zielführend bei der weiteren Anpassung des Brennverfahrens eingesetzt werden. Beispielsweise indem durch einen rechtzeitigen Abbruch des Einspritzereignisses die weitere Penetration der flüssigen Phase verhindert wird. Eine bestimmte Einspritzmasse wäre somit in kleinere Teilmengen aufzuteilen.

Das Auffächern des Einspritzstrahls und die langsame Penetration, insbesondere bei niedrigen Raildrücken, bieten eine weitere Möglichkeit das Gemisch im Brennraum nahe der Brennraummitte zu halten, und so die Wandbenetzung zu vermeiden. Die Winkelaufweitung zu Beginn der Einspritzung ist bedeutend für die spätere Diskussion der Zündeinleitung, da sich hieraus Gemischbereiche ergeben, die aus dem Strahlverband herausgelöst sind. Hierdurch unterliegen sie näherungsweise keiner weiteren Vermischung wodurch das lokale Luftverhältnis in diesen Bereichen in etwa konstant bleibt und die Vorreaktionen nicht gestört werden.

Besonders der Zündeinleitung und dem erfolgreichen Abschluss der 1. Verbrennung kommt eine große Bedeutung zu, da sie im Wesentlichen die Brennraumkonditionierung für die 2. Verbrennung darstellt. Eine erfolgreiche 2. Verbrennung wiederum ist für die NSK-Regeneration wichtig, da erst hierdurch das fette Abgas in der gewünschten Zusammensetzung entsteht.

6. Thermodynamisches Strahlmodell

Um die Ergebnisse der Strahlkammerversuche möglichst universell verwenden zu können, wird mit den in Kapitel 5 gewonnenen Erkenntnissen das im Folgenden vorgestellte thermodynamische Strahlmodell abgeglichen. Mit diesem Modell ist man in der Lage entscheidende Gemischbildungsparameter, wie Spraypenetration, Brennstoffverdampfungsrate, Gemischtemperaturen und Gemischzusammensetzungen, unter motorischen Bedingungen zu quantifizieren.

Das neue an diesem Modell ist die Bereichsaufteilung in eine Ein- und Zwei-Phasenströmung. Hierdurch kommt das Modell mit einem einzigen Parameter, der Anhand von Messwerten bestimmt werden muss, aus; dies ist der Spraywinkel.

Die Herleitung dieses Modells basiert auf der Massen-, Impuls- und Energieerhaltung entlang der Strahlachse für stationäre Bedingungen. Die Zustandsgrößen, wie die Strahlgeschwindigkeit $v_S(x)$, die Temperatur im Strahl $T_S(x)$ sowie der Mischungsbruch $Z_S(x)$, werden als einheitlich über dem Strahlquerschnitt aufgefasst, siehe auch [6.1] und [6.2]. Die Größe x ist dabei eine beliebige Position im Strahl, die von der Düsenmündung aus gezählt wird, siehe *Abbildung 6.1-1*.

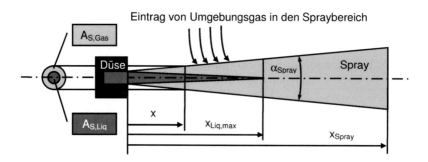

Abbildung 6.1-1: Modellvorstellung zum thermodynamischen Strahlmodell.

Der Querschnitt A_S an einer beliebigen Stelle x setzt sich im Allgemeinen aus dem Querschnitt der Gasphase $A_{S,Gas}$ und der flüssigen Phase $A_{S,Liq}$ zusammen. An der Stelle $x_{Liq,max}$ erreicht die flüssige Phase ihre maximale Penetrationslänge, der Querschnitt $A_{S,Liq}$ wird hier zu null. Ein Geschwindigkeitsunterschied zwischen Gasphase und flüssiger Phase besteht nicht. Flüssigkeit und Gasphase besitzen an jeder Stelle dieselbe Temperatur.

Das Eindringen eines Fluidstrahles in einen Gasraum ist streng betrachtet ein instationärer Vorgang. Obwohl es sich hier um ein Modell für einen stationären Strahl handelt, kann hiermit dennoch das Penetrationsverhalten des Einspritzstrahls abgebildet werden, indem man die Sprayspitzenposition x_{Spray} gleich x setzt [6.2]. Die Sprayspitzenposition x_{Spray} ist die maximale Ausdehnung des Strahlbereiches in x-Richtung zu einem bestimmten Zeitpunkt t. Sie ist der maximal mögliche Wert für x auf den die Bilanzgrenze für die stationäre Betrachtung der Erhaltungssätze ausgedehnt werden darf.

Als Stoffmodell für die Gasphase dient hier das Modell des idealen Gases, d.h. Realgaseffekte werden im Gegensatz zu [6.1] vernachlässigt. Für den Brennstoff wird im Rahmen dieser Arbeit eine Ein-Fluid-Approximation erstellt, d. h. der real aus sehr vielen Kohlenwasserstoffen bestehende Brennstoff wird wie ein einheitliches Fluid betrachtet, siehe Anhang C. Zustände des Umgebungsgases, welches in den Strahlbereich eindringt, wie in *Abbildung 6.1-1* gezeigt, werden nach den Ausführungen in Kapitel 4 für Verbrennungsgas im OHC-Gleichgewicht berechnet. Für den Modellbrennstoff werden eigene Polynomansätze aus den NASA-Polynomen erstellt, mit denen die kalorischen Zustandsgrößen berechnet werden können.

6.1 Grundgleichungen des thermodynamischen Strahlmodells

6.6.1 Grundlegende Beziehungen

Der erste Hauptsatz der Thermodynamik lautet unter Verwendung der Mischungsbrüche Z_S und Z_{Gas} für den Spraybereich bis zu einer beliebigen Stelle x:

$$Z_S \cdot h_{Bst,0}(T_{Bst,0}) + (1 - Z_S) \cdot h_{AmbGas}(T_{AmbGas})$$
$$= Z_{S,Gas} \cdot h_{Bst,Gas}(T_S) + (Z_S - Z_{S,Gas}) \cdot h^{\bullet}_{Bst,Liq}(T_S) + Z_{S,Gas} \cdot r_{0,Bst} + (1 - Z_S) \cdot h_{AmbGas}(T_S). \qquad \text{Gl.}$$

6.1-1

Hierin ist $h_{Bst,0}$ die Enthalpie des Brennstoffs, mit der er die Düsenmündung verlässt. Die Größen $h^{\bullet}_{Bst,Liq}$ und $h_{Bst,Gas}$ sind die relativen spezifischen Enthalpien von flüssigem und gasförmigem Brennstoff bei der Temperatur T_S, $r_{0,Bst}$ ist die Verdampfungsenthalpie bei der Bezugstemperatur des Brennstoffes T_0.

Die Enthalpie des Umgebungsgases wird mit h_{AmbGas} bezeichnet. Der Mischungsbruch Z_S ist hier der auf den Gesamtmassenstrom $\dot{m}_{S,Bst} + \dot{m}_{S,AmbGas}$ bezogene Brennstoffmassenstrom $\dot{m}_{S,Bst}$. Dagegen bezeichnet der Mischungsbruch Z_{Gas} nur den gasförmigen Brennstoffmassenstrom, bezogen auf den Gesamtmassenstrom. Folgende Gleichungen zeigen diese Zusammenhänge:

$$Z_S := \frac{\dot{m}_{S,Bst}}{\dot{m}_{S,Bst} + \dot{m}_{S,AmbGas}}, \qquad\qquad \text{Gl. 6.1-2}$$

$$Z_{S,Gas} := \frac{\dot{m}_{S,Bst,Gas}}{\dot{m}_{S,Bst} + \dot{m}_{S,AmbGas}}. \qquad\qquad \text{Gl. 6.1-3}$$

Für den Brennstoffmassenstrom $\dot{m}_{Bst}$ innerhalb des Strahlbereiches gilt:

$$\dot{m}_{S,Bst} = \frac{\overline{\dot{m}_{Bhyd}}}{n_{DL}}. \qquad\qquad \text{Gl. 6.1-4}$$

Die Gleichung 6.1-4 gilt unter der Annahme, dass sich der hydraulisch geförderte Brennstoffmassenstrom $\dot{m}_{Bhyd}$ gleichmäßig auf alle Düsenlöcher verteilt. Um Gleichung 6.1-1 lösen zu können, ist die Kenntnis von $Z_{S,Gas}$ nötig. Hierzu liefert das Gesetz von Raoult [6.3], für ein Ein-Komponenten-Fluid, die Aussage, dass der Stoffmengenanteil in der Gasphase gleich dem Quotienten aus Dampfdruck $p_{Bst,Vap}$ und Gesamtdruck p_{AmbGas} ist. Der Gesamtdruck entspricht dem Druck des umgebenden Gases, somit gilt:

$$x_{S,Bst,Gas} = \frac{p_{Bst,Vap}(T_S)}{p_{AmbGas}}. \qquad\qquad \text{Gl. 6.1-5}$$

Dieser Stoffmengenanteil wird über die jeweiligen Molmassen in einen Massenanteil umgerechnet:

$$Y_{S,Bst,Gas} = \frac{p_{Bst,Vap}(T)}{p_{AmbGas}} \cdot \frac{M_{Bst}}{M_{S,Gas}}, \qquad\qquad \text{Gl. 6.1-6}$$

mit

$$\frac{1}{M_{S,Gas}} = \frac{Y_{S,Bst,Gas}}{M_{Bst}} + \frac{Y_{S,AmbGas}}{M_{AmbGas}}. \qquad\qquad \text{Gl. 6.1-7}$$

Die Größe $Y_{Bst,Gas}$ ist der gasförmige Brennstoffmassenanteil bezogen auf die Gasmasse, der sich wie folgt definiert:

$$Y_{S,Bst,Gas} := \frac{\dot{m}_{S,Bst,Gas}}{\dot{m}_{S,Bst,Gas} + \dot{m}_{S,AmbGas}} \, .$$

Gl. 6.1-8

Analog berechnet sich der Massenanteil des Umgebungsgases über:

$$Y_{S,AmbGas} := \frac{\dot{m}_{S,AmbGas}}{\dot{m}_{S,Bst,Gas} + \dot{m}_{S,AmbGas}} \, .$$

Gl. 6.1-9

Aus Gleichung 6.1-5 lässt sich mittels Gleichung 6.1-7 die Molmasse des Gasgemisches M_{Gas} eliminieren;

$$Y_{S,Bst,Gas} = \frac{1}{\left(\dfrac{M_{AmbGas}}{M_{Bst}} \cdot \left(\dfrac{p}{p_{Bst,Vap}(T)} - 1 \right) + 1 \right)} \, .$$

Gl. 6.1-10

Aus den Gleichungen 6.1-2, 6.1-3 und 6.1-8 gewinnt man schließlich die Beziehung für die Größe Z_{Gas}:

$$Z_{S,Gas} = (1 - Z) \cdot \frac{Y_{S,Bst,Gas}}{1 - Y_{S,Bst,Gas}} \, .$$

Gl. 6.1-11

Die Gasdichte berechnet sich nach dem idealen Gasgesetz zu:

$$\rho_{S,Gas} = \frac{p_{AmbGas} \cdot M_{S,Gas}}{T_S \cdot R_m} \, .$$

Gl. 6.1-12

6.6.2 Die Ein- und Zweiphasenströmung

Der Mischungsbruch beschreibt die Beimischung von Umgebungsgas in den Strahlbereich und bestimmt über Gleichung 6.1-1 bei einer gegebenen Umgebungsgastemperatur T_{AmbGas}, maßgeblich die Temperatur T_S von Flüssigkeit und Gas.

Verschwindet bei einem bestimmten Mischungsbruch die flüssige Phase gerade, so ist die Taupunkttemperatur T_{TP} erreicht. Der Mischungsbruch, der diese Temperatur bewirkt, wird mit Z_{TP} bezeichnet. Liegt keine flüssige Phase mehr vor, so gilt $Z_S = Z_{S,Gas} = Y_{S,Bst,Gas}$. Aus Gleichung 6.1-10 wird dann die folgende Gleichung:

$$Z_{S,TP} = \cfrac{1}{\left(\cfrac{M_{AmbGas}}{M_{Bst}} \cdot \left(\cfrac{p_{AmbGas}}{p_{Bst,Vap}(T_{TP})} - 1 \right) + 1 \right)} \quad . \qquad \text{Gl. 6.1-13}$$

Das zur Anwendung von Gleichung 6.1-10 bzw. 6.1-13 benötigte Brennstoffmodell wird in Anhang C vorgestellt. Der Mischungsbruch der gerade die Taupunkttemperatur erzielt, ist abhängig von den Umgebungszuständen, siehe **Abbildung 6.1-2:**.

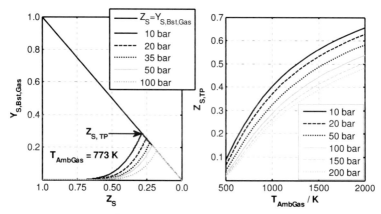

Abbildung 6.1-2: Links: Entwicklung des Brennstoffmassenanteils in der Gasphase in Abhängigkeit vom Mischungsbruch. Rechts: Taupunkt-Mischungsbruch $Z_{S,TP}$ in Abhängigkeit von Druck und Temperatur des umgebenden Gases.

Die Mischung des Brennstoffes mit dem Umgebungsgas beginnt bei Z_S gleich eins, d.h. reiner Brennstoff, und kann theoretisch bis Z_S gleich null, d.h. reines Umgebungsgas, abnehmen. Mit abnehmendem Mischungsbruch steigt die Temperatur und damit der Anteil des Brennstoffs in der Gasphase $Y_{S,Bst,Gas}$ an, **Abbildung 6.1-2:**, links. Der Verlauf der Kurve $Y_{S,Bst,Gas}$ geht bei $Z_S = Z_{S,TP}$ in die Gerade $Y_{S,Bst,Gas} = Z_S$ über.

Man erkennt in **Abbildung 6.1-2:**, rechts, dass sowohl steigende Temperatur, als auch abnehmender Gasdruck den Mischungsbruch Z_S zu höheren Werten verschiebt, d.h. das Verschwinden der flüssigen Phase verschiebt sich zu einem brennstoffreicheren Gemisch.

Weitere wichtige Größen sind die Querschnittsanteile $\varepsilon_{S,Gas}$ und $\varepsilon_{S,Liq}$, die von der gasförmigen, bzw. der flüssigen Phase besetzt werden:

$$\varepsilon_{S,Gas} := \frac{A_{S,Gas}}{A_S} \quad \text{und} \qquad\qquad \text{Gl. 6.1-14}$$

$$\varepsilon_{S,Liq} := \frac{A_{S,Liq}}{A_S}. \qquad\qquad \text{Gl. 6.1-15}$$

Setzt man den Massenstrom der flüssigen Phase ins Verhältnis zum Gasmassenstrom, so lässt sich mit den Gleichungen 6.1-14 und 6.1-15 unter Verwendung der Mischungsbrüche Z_S und $Z_{S,Gas}$, die folgende Beziehung, ableiten:

$$\varepsilon_{S,Gas} = \frac{1}{1 + \dfrac{Z_S - Z_{S,Gas}}{Z_{S,Gas} + (1 - Z_S)} \dfrac{\rho_{S,Gas}}{\rho_{S,Bst,Liq}}}. \qquad\qquad \text{Gl. 6.1-16}$$

Der Querschnittsanteil ist wiederum nur von thermodynamischen Größen abhängig. Die Summe der beiden Querschnittsanteile ist stets eins.

Schließlich gilt noch die Impulserhaltung für die gesamte Strömung. Unter Anwendung des Mischungsbruches erhält man hieraus die Geschwindigkeit v_S an einer beliebigen Stelle im Strahlbereich:

$$v_S = Z_S \cdot v_{Bst,0}. \qquad\qquad \text{Gl. 6.1-17}$$

Die Brennstoffgeschwindigkeit am Injektor $v_{Bst,0}$ wird hier über die Massenerhaltung berechnet. Hierbei wird angenommen, dass sich die Massenausbringung auf die schnelle Penetrationsphase konzentriert. Das Einspritzintervall wird daher um die Zeitspanne Δt_{SP0} bis zum Einsatz der schnellen Penetrationsphase verkürzt, bzw. die effektive Einspritzrate erhöht, wie der zweite Bruch in Gleichung 6.1-18 zeigt.

$$v_{Bst,0} = C_{vDL} \cdot \frac{\dot{m}_{S,Bst}}{\rho_{Bst,0} \cdot \mu_{DL} \cdot A_{DL}} \cdot \frac{\Delta t_{Qhyd}}{\Delta t_{Qhyd} - \Delta t_{SP0}} \qquad\qquad \text{Gl. 6.1-18}$$

Hierin ist μ_{DL} der Düsenlochdurchflussbeiwert, für den ein mittlerer Wert von 0.74 angenommen wird. Die Größe C_{vDL} ist der Geschwindigkeitsbeiwert für den folgender Zusammenhang angenommen wird:

$$C_{vDL} = \sqrt{\mu_{DL}} \, .$$

Gl. 6.1-19

Das Produkt aus Geschwindigkeitsbeiwert und Querschnittskontraktionsbeiwert ergibt den Durchflussbeiwert. Da beide Beiwerte von gleicher Größenordnung sind, ergibt sich der Geschwindigkeitsbeiwert näherungsweise nach Gleichung 6.1-19. Die Zeitspanne zwischen Einspritzbeginn und Beginn der schnellen Strahlpenetration wird durch das Bewegungsverhalten der Düsennadel verursacht und ist daher abhängig vom Raildruck. **Abbildung 6.1-3** zeigt, dass der stärkste Abfall bei kleinen Raildrücken besteht. Aus den Messwerten lässt sich folgende empirische Gleichung herleiten:

$$\Delta t_{SP0} = \frac{1}{1 - \exp\left(\dfrac{\tau_{SP1}}{p_{Rail}} + \tau_{SP0}\right)} \, .$$

Gl. 6.1-20

Mit den Konstanten τ_{SP1} = 6.2198 bar und τ_{SP0} = -0.029947. Für die Einheiten in Gleichung 6.1-20 gilt: $[p_{Rail}]$ = bar und $[\Delta t_{SP}]$ = µs.

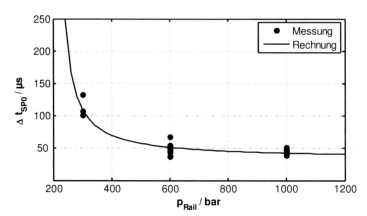

Abbildung 6.1-3: Vergleich Messung-Rechnung: Zeitspanne zwischen Einsatz der schnellen Strahlpenetration und dem Einspritzbeginn in Abhängigkeit vom Raildruck.

Die bisherigen Ausführungen gelten nicht zwingend nur für Mittelwerte des Strahlquerschnitts, sondern können auch als lokale Größen aufgefasst werden. Im Folgenden sind mit den nicht speziell gekennzeichneten Größen aber die Strahlmittelwerte gemeint.

Über die Brennstoffmassenbilanz gewinnt man schließlich eine Beziehung zwischen Mischungsbruch Z_S und Strahlquerschnitt $A_S = A_S(x)$:

$$\frac{A_{DL,eff} \cdot \rho_{Bst,0}}{A_S} = Z_S \cdot \left(\varepsilon_{S,Gas} \rho_{S,Gas} Y_{S,Bst,Gas} + (1 - \varepsilon_{S,Gas}) \rho_{S,Bst,Liq} \right). \qquad \text{Gl. 6.1-21}$$

Die rechte Seite von Gleichung 6.1-21 wird nur von der Thermodynamik in Abhängigkeit von Z_S bestimmt, sie hat die Form $Z_S \cdot f(Z_S)$, wobei $f(Z_S)$ für den Klammerausdruck steht. Auflösung von Gleichung 6.1-21 nach A_S besagt, welcher Querschnitt zur Erzielung eines bestimmten Mischungsbruchs Z_S nötig ist.

Dieser erforderliche Strahlquerschnitt wird dann einer Position x auf der Strahlachse über die geometrischen Beziehungen des Einspritzstrahls zugeordnet, siehe Gleichung 6.1-22. Der Tangens des halben Spraywinkels wird mit Gleichung 5.4-8 bestimmt, der über die Strahlkammerversuche mit Messwerten abgeglichen wurde. Somit findet man:

$$x = \frac{\sqrt{\dfrac{A_S(x)}{\pi}} - 0.5 \cdot d_{DL}}{\tan(0.5 \cdot \alpha_{Spray})}. \qquad \text{Gl. 6.1-22}$$

Die Zeitskala für die Strahlpenetrationszeit t_S erhält man über die Geschwindigkeit $v_S = v_S(Z(x))$ im Einspritzstrahl mittels Gleichung 6.1-17. Die Umstellung der Definitionsgleichung für die Geschwindigkeit und anschließende Integration liefert Gleichung 6.1-23 und schließlich die Strahlpenetrationszeit t_S nach Gleichung 6.1-24:

$$dt_S = \frac{dx}{v_S}, \qquad \text{Gl. 6.1-23}$$

$$t_S = \int_0^{xSpray} \frac{dx}{v_S(x)}. \qquad \text{Gl. 6.1-24}$$

Der Verlauf der Berechnung ist noch einmal zusammenfassend in **Abbildung 6.1-4** dargestellt.

Die Berechnung der maximalen Penetrationslänge der flüssigen Phase $x_{Liq,max}$ anhand der Strahlmittelwerte führt, wie auch schon in [6.2] berichtet, zu Penetrationslängen, die kleiner als die gemessenen Werte sind.

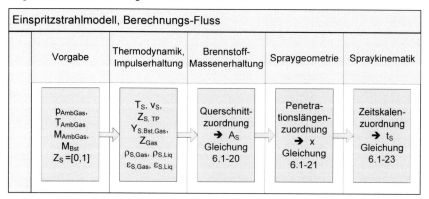

Abbildung 6.1-4: *Flussdiagramm zur Abfolge der Berechnungen für das thermodynamische Strahlmodell.*

Daraus kann gefolgert werden, dass der mittlere Mischungsbruch Z_S nicht die Verdampfungsraten bestimmende Größe ist. Anstatt einen Korrekturfaktor für den Spraywinkel einzuführen und eine gesonderte Berechnung der Penetrationslängen durchzuführen [6.2], wird hier mittels eines Ansatzes für die Mischungsbruchverteilung über den Strahlquerschnitt gearbeitet. Hierdurch ist es möglich, den Querschnitt in den Bereich einer Einphasenströmung und einer Zweiphasenströmung aufzuteilen. Nach [5.3] ist das lokale Verhältnis f_{loc} von Brennstoffmasse zur Gasmasse, welche vom Strahl aus der Umgebung eingesogen wurde, über eine empirische Gleichung beschreibbar. Hierfür wird in [5.3] eine Beziehung in Abhängigkeit vom Massenverhältnis auf der Strahlachse und dem relativen Radius ξ angegeben. Durch Umrechnung ergibt sich für den Mischungsbruch der folgende Zusammenhang:

$$\hat{Z}_S(x) = \frac{7 \cdot Z_S(x)}{4 \cdot Z_S(x) + 3}.$$

Gl. 6.1-25

Die Größe $\hat{Z}_S$ ist dabei der Mischungsbruch auf der Strahlachse. Die Herleitung der Gleichung 6.1-25 und der Gleichung 6.1-26 befindet sich in Anhang C.

Für den Mischungsbruch $Z_{S,loc}$ an einer beliebigen Stelle im Einspritzstrahl lässt sich die Beziehung 6.1-26 angeben:

$$Z_{S,loc}(x,\xi) = \frac{\hat{Z}_S(x) \cdot (1 - \xi^{1.5})}{1 - \hat{Z}_S(x) \cdot \xi^{1.5}}.$$ Gl. 6.1-26

Setzt man in dieser Beziehung den lokalen Mischungsbruch $Z_{S,loc}$ gleich dem Taupunktsmischungsbruch $Z_{S,TP}$, der nur von den Randbedingungen abhängt, siehe Gleichung 6.1-13, so gewinnt man eine Beziehung, die es erlaubt, den Strahlbereich in eine Ein- und eine Zweiphasenströmung aufzuteilen. Es gilt:

$$\xi_{TP} = \left(\frac{1 - \dfrac{Z_{S,TP}}{\hat{Z}_S(x)}}{1 - Z_{S,TP}} \right)^{\frac{2}{3}}.$$ Gl. 6.1-27

Die Zweiphasenströmung liegt im Wertebereich für ξ von 0 bis ξ_{TP}, die Einphasenströmung im Bereich ξ_{TP} bis 1 vor.

Abbildung 6.1-5 zeigt diese Verhältnisse qualitativ. Der Punkt auf der Verteilungskurve markiert die Stelle ξ_{TP}, an dem gerade der Taupunkt erreicht wird. Zu größeren ξ-Werten existiert nur noch die Gasphase.

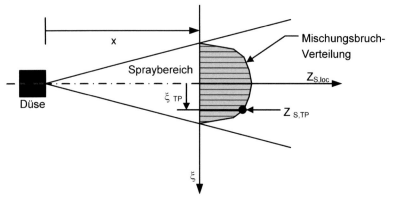

Abbildung 6.1-5: Mischungsbruchverteilung im Einspritzstrahl, schematisch.

Der Teilmassenstrom $dm_{S,Liq}$, der flüssigen Phase innerhalb einer konzentrischen Ringfläche mit Radius r_S um die Strahlachse des Zweiphasenbereiches berechnet sich zu:

$$d\dot{m}_{S,Liq} = v_S \cdot 2 \cdot \pi \cdot r_S \cdot \varepsilon_{S,Liq,2Ph} \cdot \rho_{S,Liq,2Ph} \cdot dr_S.$$ Gl. 6.1-28

Die Größe $\varepsilon_{S,Liq,2Ph}$ ist analog zu Gleichung 6.1-15 der Flächenanteil, der innerhalb des Zweiphasengebietes durch die Flüssigkeit besetzt wird. Er wird über den lokalen Mischungsbruch $Z_{S,loc}$ bestimmt, ebenso wie die Dichte der Flüssigkeit $\rho_{S,Liq,2Ph}$. Die Integration von Gleichung 6.1-28 führt unter Verwendung von ξ_{TP} und $A_S = \pi r^2_{S,max}$ auf den im Strahlbereich vorliegenden Massenstrom der flüssigen Phase

$$\dot{m}_{S,Liq} = v_S \cdot 2 \cdot A_s \cdot \int_0^{\xi_{TP}} \varepsilon_{S,Liq,2Ph} \cdot \rho_{S,Liq,2Ph} \cdot \xi \cdot d\xi \,. \qquad \text{Gl. 6.1-29}$$

Das Integral in Gleichung 6.1-29 wird numerisch gelöst. Hierfür reicht bereits eine Diskretisierung von 10 Schritten in ξ Richtung aus. Die Spraygeschwindigkeit v_S wird nicht lokal, sondern als über den Querschnitt einheitlich betrachtet.

Der Maximalwert auf der Strahlachse $\hat{Z}_S$ wird mittels Gleichung 6.1-25 an einer beliebigen Stelle x berechnet. Da nach den obigen Ausführungen alle Größen in Abhängigkeit von Mischungsbruch Z ganz allgemein vorliegen, siehe auch *Abbildung 6.1-4*, werden mit dem so über Gleichung 6.1-26 ermittelten Werten für Z_{loc} die entsprechenden Größen berechnet. Es gilt für diesen Zweiphasenbereich:

$$\varepsilon_{S,Liq,2Ph} = \varepsilon_{Liq}(Z = Z_{loc}) \,. \qquad \text{Gl. 6.1-30}$$

Analog wird die Dichte $\rho_{S,Liq,2Ph}$ der flüssigen Phase innerhalb dieses Zweiphasengebietes berechnet:

$$\rho_{S,Liq,2Ph} = \rho_{Liq}(Z = Z_{loc}) \,. \qquad \text{Gl. 6.1-31}$$

6.1.3 Vergleich von Mess- und Simulationsergebnissen

Vergleicht man diese Berechnungsmethode mit den Messungen aus der optischen Strahlkammer, so konnte für alle Fälle eine gute Übereinstimmung beobachtet werden. Exemplarisch sind hier jeweils ein simulierter Fall mit EU-Dieselkraftstoff sowie US-Dieselkraftstoff den Messwerten gegenübergestellt, siehe hierzu *Abbildung 6.1-6* und *Abbildung 6.1-7*. In diesen beiden Abbildungen ist die simulierte Penetrationslänge der flüssigen Phase als Stationärwert dargestellt.

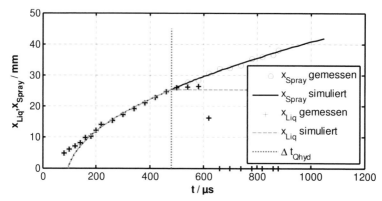

Abbildung 6.1-6: *Vergleich Messung / Simulation des Penetrationsverhaltens von Gasphase und flüssiger Phase von USDK, T_{GSK} = 773 K, p_{GSK} = 35 bar, p_{Rail} = 600 bar, m_{Bhyd} = 10 mg USDK.*

Bei den Messungen ergibt sich nach dem hydraulischen Einspritzende eine Auflösung der flüssigen Phase. Dieses Verhalten zeigt sich auch in den Ergebnissen aus [6.6], wo ein Annähern der Flamme an die Düsenmündung nach Einspritzende beobachtet wird. Dies ist nur bei einem impulsarmen Brennstoff-Luft-Gemisch in Düsennähe möglich.

Die Unterschiede in der maximalen Penetrationslänge zwischen US und EU Dieselkraftstoff sind klein. Tendenziell zeigt der US-Dieselkraftstoff in der Simulation eine etwas höhere Penetrationslänge der flüssigen Phase.

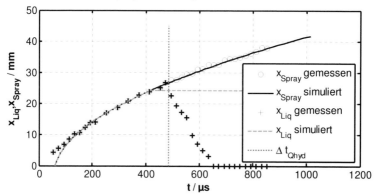

Abbildung 6.1-7: *Vergleich Messung / Simulation des Penetrationsverhaltens von Gasphase und flüssiger Phase von EUDK, T_{GSK} = 773 K, p_{GSK} = 35 bar, p_{Rail} = 600 bar, m_{Bhyd} = 10 mg EUDK.*

6.2 Bestimmung der Brennstoffverdampfungsrate

Zur Berechnung der Brennstoffverdampfungsrate wird Gleichung Gl. 6.1-29 herange-zogen. Da der Einspritzvorgang als stationärer Vorgang angenommen wird, ergibt die Differenz aus dem je Düsenloch ausströmenden Brennstoff $\dot{m}_{S,Bst}$ und der aktuell an der Strahlspitze strömenden flüssigen Phase des Brennstoffs die Verdampfungsrate des Brennstoffs $\dot{m}_{S,BstVerd}$ je Einspritzstrahl:

$$\dot{m}_{S,BstVerd} = \dot{m}_{S,Bst} - \dot{m}_{S,Liq} \; . \qquad \text{Gl. 6.2-1}$$

Der Beweis hierzu befindet sich in Anhang C. Die gesamte Verdampfungsrate $\dot{m}_{BstVerd}$ ergibt sich durch Multiplikation mit der Düsenlochanzahl n_{DL} zu:

$$\dot{m}_{BstVerd} = \dot{m}_{S,BstVerd} \cdot n_{DL} \; . \qquad \text{Gl. 6.2-2}$$

Dieses Modell ist für stationäre Zustände, d.h. stationären Brennstoffausfluss aus der Düse, hergeleitet worden. Mit Beendigung der Einspritzung liegen diese Bedingun-gen nicht mehr vor, da dies streng genommen ein instationärer Vorgang ist, d.h. die Einspritzrate und der Impulsstrom werden schlagartig auf den Wert null geändert. Für die Verdampfung, der in diesem Moment noch existierenden Masse der flüssigen Phase wird nicht weiter von der strahlinduzierten Verdampfung ausgegangen. Die Aufnahmen aus der Spraykammer zeigen, dass sich ab Einspritzende die flüssige Phase zurückbildet, siehe auch *Abbildung 6.1-6* bzw. *6.1-7*. Die Masse der flüssigen Phase, die nach Einspritzende noch vorliegt, wird nun als Tropfenkette aufgefasst. Analog zur Einzeltropfenverdampfung [4.13] wird eine Beziehung für die Verdamp-fungsrate der in dieser Nachverdampfungsphase verdampfenden Restmasse herge-leitet. Die detaillierte Herleitung befindet sich in Anhang C. Die Verdampfungsrate für einen Strahlbereich berechnet sich daher ab dem Zeitpunkt t_{Qhyd} nach Gleichung 6.2-3, anstatt nach Gleichung 6.2-1:

$$\dot{m}_{S,BstVerd} = \frac{3}{2} \cdot K_{NV} \cdot \sqrt{m_{S,Liq,tQhyd}^{2/3} - K_{NV} \cdot t_{NV}} \; . \qquad \text{Gl. 6.2-3}$$

Für die gesamte Verdampfungsrate gilt auch in dieser Phase wieder Gleichung 6.2-2. In Gleichung 6.2-3 ist die Größe K_{NV} die Nachverdampfungskonstante, die derart an die strahlinduzierte Verdampfungsrate angepasst wird, dass die beiden Verdampfungsraten zum Zeitpunkt t_{Qhyd} übereinstimmen. Die Zeitzählung für t_{NV} beginnt ab dem Einspritzende bei t_{Qhyd}. Die ebenfalls benötigte Restmasse der flüssigen Phase zum Einspritzende $m_{S,Liq,tQhyd}$ erhält man aus dem thermodynamischen Strahlmodell. Die **Abbildung 6.2-1** zeigt die auf dieser Basis modellierte Verdampfungsrate, sowie die kumulierte eingespritzte Brennstoffmasse $m_{S,Bst}$ und die verdampfte Brennstoffmasse $m_{S,BstVerd}$, bezogen auf einen Einspritzstrahl. Die Darstellung ist so gewählt, dass der Nullpunkt auf der Zeitachse den Einspritzbeginn markiert. Die Berechnung der Vorgänge setzt erst mit Beginn der schnellen Penetrationsphase ein. Daher sind zum einen die Kurvenverläufe um diesen Betrag in Richtung der positiven Zeitachse verschoben. Zum anderen führt die Annahme, dass sich die Brennstoffeinbringung auf das Intervall „schnelle Penetrationsphase bis Einspritzende" beschränkt, zu dem in **Abbildung 6.2-1** gezeigten Verlauf für die kumulierte Brennstoffmasse $m_{S,Bst}$.

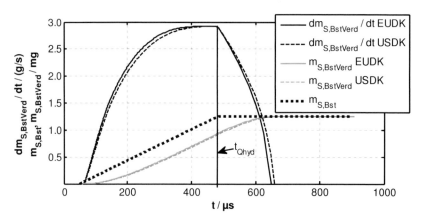

Abbildung 6.2-1: Simulierte, auf einen Einspritzstrahl bezogene Verdampfungsrate, eingespritzte Brennstoffmasse und verdampfte Brennstoffmasse von EUDK -durchgezogen- und USDK -gestrichelt-. Randbedingungen: $T_{GSK} = 773$ K, $p_{GSK} = 35$ bar, $p_{Rail} = 600$ bar, $m_{Bhyd} = 10$ mg verteilt auf 8 Strahlbereiche.

Die Verdampfungsvorgänge von EU-Dieselkraftstoff und US-Dieselkraftstoff zeigen nur sehr geringe Unterschiede, wobei der EU-Dieselkraftstoff etwas schneller als der US-Dieselkraftstoff verdampft. Der Grund liegt in dem höheren Dampfdruck und ist in **Abbildung 6.2-1** gut an dem etwas frühzeitigeren Ende der Verdampfungsrate zu erkennen. Näheres zum Dampfdruckverlauf der Brennstoffe siehe Anhang C.

7. Motorversuche im DeNOx-Teillastbetrieb

Wie bereits in den vorangegangenen Kapiteln diskutiert, ist der untere Teillastbetrieb von hoher Relevanz für den Motorbetrieb im Fahrzeug. In Kapitel 4 dieser Arbeit wurden bereits auf rein thermodynamischem Wege die Schwierigkeiten erörtert, die mit der Darstellung des Schwachlastbetriebes unter fetten Betriebsbedingungen eines Dieselmotors verbunden sind.

Es zeigte sich dort, dass eine starke luftseitige Androsselung unvermeidbar ist. Dies erschwert den Selbstzündungsprozess deutlich. Da die sichere Einleitung der ersten Verbrennung entscheidend für den gesamten weiteren Prozessablauf ist, befasst sich dieses Kapitel mit dem Zünd- und Entflammungsverhalten beim stark angedrosselten Motorbetrieb.

Ziel ist es, Strategien und Möglichkeiten zu finden, die eine sichere Zündeinleitung bei möglichst kleinen Gasdichten im Brennraum erlauben. Denn nur hierdurch ergibt sich im fetten Motorbetrieb die Möglichkeit, den Teillastbetrieb zu kleineren Lasten hin auszuweiten. Hierzu wurden am Motorprüfstand, mit dem in Anhang B beschriebenen Versuchsmotor, gezielte Drosselversuche durchgeführt. Die in dem Kapitel 5 gewonnenen Erkenntnisse zur Strahlpenetration und Brennstoffverdampfung wurden dann in Kapitel 6 in einem thermodynamischen Strahlmodell zusammengefasst. Dieses Modell erlaubt es, das Strahlverhalten und die Brennstoffverdampfung bei Gaszuständen zu bestimmen, wie sie im Motor während der Einspritzung und Gemischbildungsphase vorliegen. Zusammen mit dem in Kapitel 5 erstellten empirischen Hydraulikmodell kann dieses Strahlmodell in die Druckverlaufsanalyse eingebunden werden. Hierbei wurde so vorgegangen, dass eine erste Druckverlaufsanalyse ohne das thermodynamische Strahlmodell durchgeführt wurde. Im Anschluss daran sind die Einspritzintervalle ermittelt worden. Für die anschließende Berechnung des Strahlmodells wurden relevante Zustandsgrößen, wie Gasdichte, Gastemperatur und Gaszusammensetzung (λ_{VGZyl}) und die linearen Mittelwerte der Gaszustände im Zylinder während des hydraulischen Einspritzintervalls herangezogen. Mit den sich daraus ergebenden Resultaten des Strahlmodells wurde eine erneute Druckverlaufsanalyse durchgeführt.

7.1 Zündverzugs-Untersuchungen

Im Vorfeld der Motorversuche wurden Modellrechnungen zum Zündverhalten bei den im DeNOx-Betrieb typischen Zuständen durchgeführt. Hierdurch konnte die Parametervielfalt stark eingegrenzt werden, indem ein 7 Reaktionen und 8 Spezies umfassendes Mehrschritt-Zündmodell nach [7.1] verwendet wurde. Dieses Modell ist ursprünglich für das brennraumglobale Entflammungsverhalten für ein HCCI-Brennverfahren entwickelt worden [7.1]. Es eignet sich aber auch sehr gut zur Verfolgung lokaler Effekte bei einem heterogenen Brennverfahren, wenn die Vorgänge in einem kleinen Gemischelement verfolgt werden, vergleiche **Abbildung 7.1-1**. Dabei wird angenommen, dass sich spontan ein Gemischelement aus Brennstoffdampf und umgebenden Gas bildet, das im weiteren Verlauf als adiabat angenommen wird, also ohne Wärme- und Stoffaustausch mit der Umgebung.

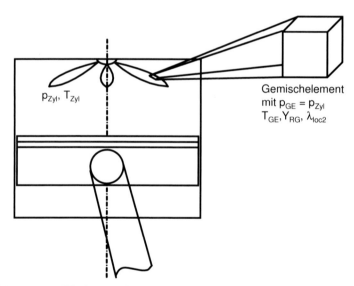

Abbildung 7.1-1: Zündverzugsbetrachtung anhand der Zustandsänderung innerhalb eines Gemischelementes.

Der Verdampfungsprozess des Brennstoffes wird als spontan betrachtet. Im Folgenden sei das o. g. Gemischelement lediglich der Druckänderung des umgebenden Gases im Zylinder ausgesetzt, wodurch sich eine adiabate Kompression bzw. Expansion ergibt. Diese überlagert im Allgemeinen die chemischen Prozesse, die durch das hier beschriebene Zündmodell gegeben sind. Die Verdampfung wurde mit dem in Kapitel 6 bzw. Anhang C abgeleiteten Brennstoffmodell berechnet.

Die Annahme eines sich nicht weiter vermischenden Gemischelements ist in sofern gerechtfertig, als dass die Strahlkammeruntersuchungen in Kapitel 5 gezeigt haben, dass es zu Beginn einer Einspritzung zu einer Vergrößerung des Strahlkegelwinkels kommt. Hierdurch entstehen Gemischzonen, die nicht im Bereich der späteren Strahlzone liegen. Da diese Gemischelemente dann außerhalb des stationären Impulsstroms liegen, kommen sie schnell zum Stillstand, was eine weitere Vermischung mit dem umgebenden Gas unterbindet. Es ist daher wahrscheinlich, dass der Entflammungsprozess in solchen Gemischelementen beginnt.

Dieses Zündmodell ist in der Lage, die für höhere Kohlenwasserstoffe typischen temperaturabhängigen Entflammungsmuster richtig wiederzugeben. Dies sind insbesondere die mehrstufige Niedertemperaturentflammung bei Temperaturen kleiner 900 K sowie das Auftreten negativer Temperaturkoeffizienten bei Temperaturen kleiner 1100 K [4.13], [7.2]. Oberhalb von 1100 K findet die sogenannte einstufige Hochtemperaturentflammung statt.

Das hier verwendete Zündmodell wird über die Angabe einer Oktanzahl gesteuert. Hieraus ergeben sich die Anteile aus Iso-Oktan und Normal-Heptan und stellen so die Zusammensetzung eines Referenzbrennstoffes dar, welches dieses Modell als Eingabegröße benötigt. Die Reaktionsgleichungen sind in **Tabelle 7.1-1** wiedergegeben. Die Werte in den Klammern gelten für Iso-Oktan, die anderen für n-Heptan. Die Größe F bezeichnet den Brennstoff, I1, I2 und Y sind repräsentative Zwischenspezies, für weitere Details sei auf [7.1] verwiesen.

Für die Anwendung des Modells im Falle von Dieselkraftstoff lässt sich aus der Cetanzahl nach Gleichung 7.1-1 eine entsprechende Oktanzahl berechnen [4.5]:

$$OZ = 120 - 2 \cdot CZ \,. \qquad\qquad Gl.7.1\text{-}1$$

Neben der korrekten Abbildung der Entflammungsmechanismen für Kohlenwasserstoffe, ist dieses Modell in der Lage das lokale Luftverhältnis und die Restgasraten entsprechend zu berücksichtigen. Die thermodynamischen Zusammenhänge mit denen der Kompressionseinfluss berücksichtig wird, befinden sich in Anhang C.

Tabelle 7.1-1: *Reaktionsgleichungen des 7-Schritt-Mechanismus nach [7.1].*

1. $F + 7.5(8.5)O_2$ $\rightarrow$ $8(9)H_2O + 7(8)CO$

2. $CO + 0.5O_2$ $\leftarrow \rightarrow$ CO_2

3. $F + 2O_2$ $\leftarrow \rightarrow$ I1

4.   I1 $\rightarrow$ 2Y

5. $Y + 0.5F + 6.5(8.5)O_2$ $\rightarrow$ $8(9) + 7(8)CO$

6.   I1 $\rightarrow$ I2

7.   I2 $\rightarrow$ 2Y

Abbildung 7.1-2 zeigt eine Modellrechnung bei einer Motordrehzahl von 2250 min^{-1} und einem Druck im Einlass-Sammelbehälter von 0.7 bar. Diese Drehzahl wurde gewählt, da sie nach den Ausführungen in Kapitel 4 die oberste, für den schwachlastigen Betrieb, relevante Drehzahl darstellt.

Bei einem Kurbelwinkel von 25 Grad vor dem oberen Totpunkt verdampft spontan eine kleine Menge Brennstoff und bildet ein Gemischelement mit der lokalen Zusammensetzung λ_{loc2} , siehe linker Diagrammrand in **Abbildung 7.1-2**, links.

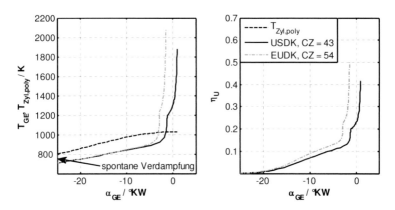

Abbildung 7.1-2: *Modellrechnung für ein Gemischelement bei 2 verschiedenen Brennstoffen während der Kompressionsphase; n = 2250 min^{-1}, $Y_{RG} = 0.25$, $p_{Einlass} = 0.7$ bar, $T_{Einlass} = 313$ K, $\lambda_{loc2} = 0.6$, $\varepsilon = 16.8$.*

Die Definition des lokalen Luftverhältnisses λ_{loc2} nach der zweiten Annahme, gemäß Kapitel 4, besagt, dass nur der unverbrannte Brennstoff und der unverbrannte Sauerstoff zu dessen Berechnung herangezogen werden. In diesem Gemischelement finden dann die Reaktionen nach **Tabelle 7.1-1** statt. Das Gemischelement unterliegt zusätzlich durch die restliche Zylinderladung einer von außen aufgeprägten Drucksteigerung.

In **Abbildung 7.1-2** erkennt man, dass durch die Verdampfung das Gemischelement sich auf einem Temperaturniveau unterhalb dem des restlichen Zylinderinhalts befindet, gestrichelte Kurve in **Abbildung 7.1-2**, links. Am Brennstoffumsetzungsgrad η_U, in **Abbildung 7.1-2** rechts dargestellt, zeigt sich, dass anfänglich kein Brennstoffumsatz stattfindet und die Temperatursteigerung im Gemischelement zunächst nur von der adiabaten Verdichtung herrührt. Aufgrund des verdampften Brennstoffes ist der Isentropenexponent des Gemischelementes kleiner als der der restlichen Zylinderladung. Daher verläuft dessen Temperaturkurve flacher, solange ausschließlich der Kompressionseinfluss wirkt. Die Temperaturkurve für den restlichen Zylinderinhalt wurde mit einem Polytropenexponenten von 1.37 für die Kompression und mit 1.43 für die Expansion berechnet. Diese Werte wurden aus dem Motorversuch gewonnen. Bei etwa 22 Grad Kurbelwinkel (KW) vor dem oberen Totpunkt setzen hier die ersten Reaktionen ein, die für eine große Winkelspanne von etwa 18 bis 22 Grad KW Dauer mit kleiner Reaktionsgeschwindigkeit verlaufen. Hierbei handelt es sich um die für den Niedertemperaturbereich typische lange zweite Stufe mit negativem Temperaturkoeffizienten, d.h. die Zündverzugszeit verlängert sich mit steigender Temperatur [4.13]. Kurz vor dem oberen Totpunkt setzt die thermische Entflammung ein, gekennzeichnet durch den schnellen Brennstoffumsatz und dem steilen zeitlichen Temperaturgradienten. Die Modellrechnung wird beendet, wenn der Brennstoffumsatz 0.5 beträgt oder wenn sich ein Temperaturgradient größer 10^8 Kelvin pro Sekunde zeigt. Man erkennt, dass die höhere Cetanzahl des EU-Dieselkraftstoffs, insbesondere in der zweiten Phase, höhere Brennstoffumätze bewirkt. Hierdurch findet die charakteristische Temperaturentwicklung früher statt, so dass es früher zur thermischen Entflammung kommt.

Führt man solche Modellrechnungen für verschiedene Parameter durch, wobei insbesondere das lokale Luftverhältnis λ_{loc2} und der Druck im Einlass-Sammelbehälter $p_{Einlass}$ von Interesse sind, so ergibt sich die folgende **Abbildung 7.1-3**. Hier ist der Winkel des Brennbeginns des Gemischelementes α_{BBGE} über dem Kurbelwinkel der spontanen Bildung des Gemischelementes α_{GE} aufgetragen. Man erkennt hier, dass sich der früheste mögliche Brennbeginn mit einem lokalen Luftverhältnis von 0.6 bis 0.8 bei einem α_{GE} von etwa 16 bis 26 Grad Kurbelwinkel vor dem oberen Totpunkt einstellt.

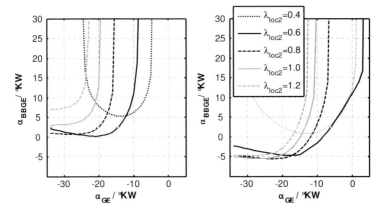

Abbildung 7.1-3: *Modellrechnung für ein Gemischelement bei 2 verschiedenen Drücken im Einlass-Sammelbehälter; n = 2250 min⁻¹, Y_RG = 0.25, p_Einlass = 0.7 bar, links und 1.013 bar, rechts; T_Einlass = 313 K, ε = 16.8.*

Abweichungen in Richtung früh sind jedoch weniger kritisch, als in Richtung spät. Mit abnehmendem Druck vor Einlassventil verschiebt sich der Brennbeginn des Gemischelementes in Richtung spät, siehe Vergleich linkes und rechtes Diagramm in **Abbildung 7.1-3**. Die Position und das lokale Luftverhältnis für minimalen Brennbeginn bleiben jedoch in dem oben angeführten Intervall. Unter Berücksichtigung des Öffnungsverzuges des Injektors und der Verzugszeit bis zum Einsetzen der Brennstoffstoffverdampfung, sind die frühesten Brennbeginne mit einem Ansteuerbeginn des Injektors von etwa 25 Grad Kurbelwinkel vor dem oberen Totpunkt zu erwarten. Aus diesem Grund wurde für die folgenden Drosselversuche am Motorprüfstand ein Ansteuerbeginn des Injektors von 25 Grad KW vor dem oberen Totpunkt in der Motorsteuerung eingestellt. Hieraus resultiert bei einer Drehzahl von 2250 min⁻¹ ein Einspritzbeginn von ca. 21 Grad KW vor dem oberen Totpunkt.

7.2 Druckverlaufsanalyse

7.2.1 Einbindung der Verdampfungsrate in die Druckverlaufsanalyse

Mit den Ergebnissen aus Kapitel 6 lassen sich die Brennstoff-Verdampfungsrate und Brennstoff-Wandanlagerungseffekte berechnen. Damit das Strahlmodell korrekt arbeitet, sind die für den Einspritzvorgang relevanten Gaszustände zu ermitteln. Hierzu wird zunächst eine Druckverlaufsanalyse gemäß eines Ein-Zonen-Modells durchgeführt, jedoch ohne Berücksichtigung von Verdampfungs- und Wandanlagerungseffekten. Damit sind die Zustandsgrößen während des Einspritzintervalls bekannt. Über das Strahlmodell und das Nachverdampfungsmodell kann nun die Verdampfungsrate und die Wandanlagerungsrate berechnet werden.

Die so erhaltenen Daten fließen dann in eine zweite Druckverlaufsanalyse ein. Im Rahmen dieser zweiten Druckverlaufsanalyse geht die Verdampfungsrate über einen zusätzlichen Verdampfungsterm in den ersten Hauptsatz ein [7.2], siehe hierzu folgende Gleichung, linke Seite:

$$\dot{Q}_B - \dot{Q}_W - \dot{Q}_{Bst,Verd} + \dot{m}_{BstVerd} \cdot h_{Bst,Gas,2} - \dot{m}_{Blowby} \cdot h_{Zyl} = \frac{dU_{Zyl}}{dt} + p\frac{dV_{Zyl}}{dt}.$$ Gl 7.2-1

Abbildung 7.2-1 zeigt die Vorgänge bei der Brennstoffverdampfung: Dem Gas im Zylinder wird der Wärmestrom $\dot{Q}_{Bst,Verd}$ zur Verdampfung entzogen und dem

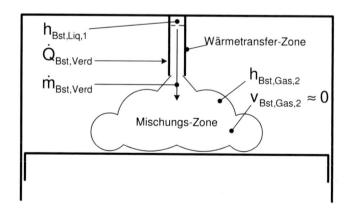

Abbildung 7.2-1: *Modellvorstellung zur Berücksichtigung des Verdampfungseinflusses bei der Druckverlaufsanalyse.*

eintretenden Brennstoffstrom zugeführt. Dieser ändert seine spezifische Enthalpie von $h_{Bst,Liq,1}$ im Zustand 1, das ist der Zustand bei dem der Brennstoff eingespritzt wird, auf den Zustand 2. Dem Brennraum wird dann der Enthalpiestrom $\dot{m}_{BstVerd} \cdot h_{Bst,Gas,2}$ zugeführt. Der relevante Brennstoffmassenstrom für diese Betrachtungen ist der Verdampfungsmassenstrom aus dem Strahl- bzw. Nachverdampfungsmodell. Der Brennstoff wird nach seiner Verdampfung als dem System „Brennraum" zugehörend betrachtet [4.16].

In der Vermischungszone sei die Geschwindigkeit des Brennstoffs $v_{Bst,Gas,2}$ vernachlässigbar klein, so dass kinetische Energien nicht betrachtet werden brauchen. Aus der Energiebilanz für die Wärmetransferzone, siehe ***Abbildung 7.2-1***, ergibt sich der Wärmestrom $\dot{Q}_{Bst,Verd}$ zu:

$$\dot{Q}_{Bst,Verd} = \dot{m}_{Bst,Verd} \cdot (h_{Bst,Gas,2} - h_{Bst,Liq,1}) . \qquad \text{Gl 7.2-2}$$

Gleichung 7.2-1 zeigt den ersten Hauptsatz für den Hochdruckteil des Kreisprozesses mit Berücksichtigung von Wandwärme- und Verdampfungsbeitrag. Sie sind in dieser Fassung als Verlustterme geschrieben, d.h. positive Werte entziehen dem Brennraumsystem Wärme.

Setzt man Gleichung 7.2-2 in 7.2-1 ein, so erhält man die folgende Fassung des ersten Hauptsatzes:

$$\dot{Q}_B - \dot{Q}_W + \dot{m}_{BstVerd} \cdot h_{Bst,Liq,1} - \dot{m}_{Blowby} \cdot h_{Zyl} = \frac{dU_{Zyl}}{dt} + p\frac{dV_{Zyl}}{dt} . \qquad \text{Gl 7.2-3}$$

Die spezifische Enthalpie des flüssigen Brennstoffes im Zustand 1, in ***Abbildung 7.2-1***, abgestimmt auf die spezifische Enthalpie des gasförmigen Brennstoffes, berechnet sich nach Anhang C zu:

$$h_{Bst,Liq,1} = \int_{T0}^{TBst0} c_{Bst} d\tilde{T} + \frac{p_{Bst,0} - p_0}{\rho_{Bst,Liq,0}} - r_{Bst,0} . \qquad \text{Gl. 7.2-4}$$

Hierin ist $p_{Bst,0}$ und $T_{Bst,0}$ der Druck und die Temperatur des Brennstoffes vor dem Düsenloch. Der im Allgemeinen unbekannte Druck vor dem Düsenloch $p_{Bst,0}$ wird hier vereinfachend gleich dem Raildruck p_{Rail} gesetzt. Die Dichte $\rho_{Bst, Liq, 0}$ ist die Brennstoffdichte im Bezugszustand p_0 und T_0.

Der aus dem Strahlmodell generierte Verdampfungsverlauf ist ein synthetisches Signal mit relativ steilen Flanken, welches in die Druckverlaufsanalyse eingebunden wird, siehe hierzu *Abbildung 7.2-2*. Vergleicht man die Lage der winkelbezogenen Verdampfungsrate $\dfrac{dm_{BVerd}}{d\alpha}$ mit der „Verdampfungsdelle" des Brennverlaufs ohne aktives Verdampfungsmodell, so erkennt man, dass die Verdampfungsrate von der Phasenlage und Signalbreite nicht optimal zum Brennverlauf passt. Die Verdampfung ist erkennbar an dem negativen Verlauf, gestrichelte Kurve in *Abbildung 7.2-2*, im Bereich 20 bis 10 Grad Kurbelwinkel vor ZOT.

Der Brennverlauf wird aus dem Zylinderdrucksignal gewonnen, welches zahlreichen Übertragungs- und Aufbereitungseffekten unterliegt. Diese enstehen durch die Signalfilterung in den Ladungsverstärkern und dem Indiziersystem, durch die Digitalisierung im Indiziersystem einerseits, andererseits durch die Mittelung aus 128 Einzelzyklen und die Druckverlaufsglättung, die der Druckverlaufsanalyse vorgeschaltet ist. Diese Maßnahmen sind für eine Druckverlaufsanalyse unverzichtbar [7.4]. Regelungstechnisch entspricht dies dem Übertragungsverhalten einer PT_n-Strecke. Um das per Simulation gewonnene Verdampfungssignal diesen Verhältnissen anzupassen, muss es ebenfalls über ein entsprechendes Streckenverhalten in die Druckverlaufsanalyse eingespeist werden.

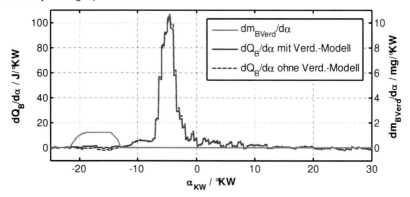

Abbildung 7.2-2: *Brennverlaufsvergleich mit und ohne Verdampfungsmodell, n = 2250 min^{-1}, Y_{AGR} = 0.20, $p_{Einlass}$ = 1.05 bar, $T_{Einlass}$ = 307 K, ε = 16.8, USDK.*

Der durchgezogene Brennverlauf in *Abbildung 7.2-2*, zeigt das Ergebnis dieser Maßnahme. Man erkennt, dass die simulierte Verdampfungsrate den negativen Verlauf im Brennverlauf, im Bereich 10 bis 20 Grad Kurbelwinkel vor dem oberen Totpunkt, zu null kompensiert. Im Folgenden wird jedoch stets der aus dem Strahl- und Nachverdampfungsmodell gewonnene Verdampfungsverlauf dargestellt.

Tritt im Verlauf der Strahlpenetration ein Kontakt der flüssigen Phase mit der Brennraumwand auf, wie es bei geringer Gasdichte bei Einspritzung in den Brennraum der Fall sein kann, so wird dies in der Verdampfungsrate wie folgt berücksichtigt:

Anhand der Länge der flüssigen Phase bei Einsetzen des Wandkontaktes wird der an dieser Position $x_{WSprayax}$ auf der Strahlachse herrschende Massenstrom der flüssigen Phase ermittelt. Dies ist im linken Teil der **Abbildung 7.2-3** gezeigt. Der rechte Teil von **Abbildung 7.2-3** zeigt den lokalen Massenstrom der flüssigen Phase entlang der Strahlachse. Der so ermittelte Benetzungsmassenstrom, das ist der Massenstrom an der Stelle $x_{WSprayax}$, der für die Zeit des Wandkontaktes, bei Berechnung der Verdampfungsrate nach Gleichung 6.2-1 und 6.2-2, den aktuellen Massenstrom $\dot{m}_{S,Liq}$ ersetzt. Damit wird erreicht, dass die Verdampfungsrate für die Zeit des Wandkontaktes auf einem konstanten und niedrigeren Niveau bleibt.

Die Verdampfung, des an der Wand angelagerten Brennstoffes, wird anschließend über eine Veränderung der Nachverdampfungskonstanten K_{NV} berücksichtigt. Denn im Falle von Wandanlagerungen ist zum einen die bei Einspritzende noch vorliegende flüssige Brennstoff-Restmasse vergrößert, zum anderen wird die Nachverdampfung mit einer kleineren Verdampfungsrate initiiert. Hieraus ergibt sich eine entsprechend verlängerte Nachverdampfungsphase.

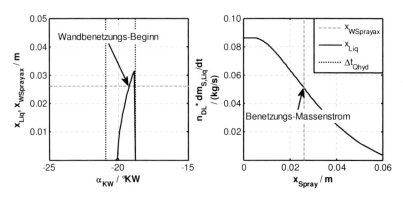

Abbildung 7.2-3: Beispiel der Wandanlagerung von Brennstoff beim Drosselversuch, n = 2250 min⁻¹, Y_{ARG} = 0.20, $p_{Einlass}$ = 0.639 bar, $T_{Einlass}$ = 306 K, ε = 16.8, USDK.

7.2.2 Wandwärmeübertragungsmodell

Für den Wandwärmeübergang wurde ein nach Vogel für schwache Lasten und Ruß-ablagerungen modifiziertes Wandwärmemodell von Woschni verwendet [7.2][7.3]. Der Wandwärmestrom $\dot{Q}_W$ wird in dieser Arbeit zwar mit einem einheitlichen Wärmeübergangskoeffizienten α_{WW}, jedoch mit unterschiedlichen Wandtemperaturen nach der folgenden Gleichung berechnet:

$$\dot{Q}_W = \alpha_{WW} \cdot [A_{OBuchse} \cdot (T_{Zyl} - T_{Buchse})$$
$$+ A_{OKolben} \cdot (T_{Zyl} - T_{Kolben}) + A_{OZylKopf} \cdot (T_{Zyl} - T_{ZylKopf})]. \qquad \text{Gl. 7.2-5}$$

Die für den Wandwärmeübergang nach Gleichung 7.2-5 nötigen Wandtemperaturen wurden aus Temperatur-Messungen an einem von den geometrischen Abmessungen her und der maximalen Zylinderleistung mit dem Versuchsmotor identischen Fünf-Zylinder-Dieselmotor gewonnen. Aufgrund der Ähnlichkeit der Motoren sind die Ergebnisse auf den hier verwendeten Vier-Zylinder-Versuchsmotor übertragbar. Die Messergebnisse lassen sich für die einzelnen Baugruppen in den folgenden empirischen Gleichungen zusammenfassen:

$$\frac{T_{Buchse}}{K} = 0.001202 \cdot \left(\frac{\dot{Q}_{Verbr}}{J/s} - 5375 \right) + 388.15 , \qquad \text{Gl. 7.2-6}$$

$$\frac{T_{Kolben}}{K} = 0.00398 \cdot \left(\frac{\dot{Q}_{Verbr}}{J/s} - 31982 \right) + 585.15 , \qquad \text{Gl. 7.2-7}$$

$$\frac{T_{ZylKopf}}{K} = 0.00256 \cdot \left(\frac{\dot{Q}_{Verbr}}{J/s} - 5375 \right) + 443.15 . \qquad \text{Gl. 7.2-8}$$

In diesen Gleichungen ist $\dot{Q}_{Verbr}$ der durch die Verbrennung freigesetzte Wärmestrom je Zylinder. Er berechnet sich zu:

$$\dot{Q}_{Verbr} = \eta_U \cdot H_u \cdot m_{Bhyd,total} \cdot \frac{n}{a_T} . \qquad \text{Gl. 7.2-9}$$

und stellt die effektive Heizleistung je Zylinder dar. Die Taktzahl a_T beträgt hier zwei.

7.2.3 Restgasmodell

Durch die erforderliche starke luftseitige Androsselung ist der Druck vor Einlassventil gegenüber dem vor der Abgasturbine stark abgesenkt. Durch dieses negative Spülgefälle kommt es zu einem starken Rückströmen von Abgas in den Ansaugkanal. Dies ist darin begründet, dass sich der Druck im Zylinder bis zum Öffnen des Einlassventils nicht auf das Niveau des Einlassbehälters abbauen kann. Bei Einlass-Öffnen vollzieht sich daher ein Druckausgleich in Richtung Einlassbehälter. Dieser Effekt wird noch verstärkt, da es bei Annäherung des Kolbens zum Ladungswechsel-OT zu einer Restgasverdichtung kommt. Hierdurch ist im stark angedrosselten Betrieb, obwohl keine Ventilüberschneidung herrscht, die Restgasmasse stark erhöht. Diese innere Restgasmasse $m_{RG,intern}$ lässt sich näherungsweise berechnen, indem folgende Annahmen getroffen werden:

- Es findet sich ein Zustand nahe des Ladungswechsel OT an dem Ein- und Auslassventil geschlossen sind. Für diese Kurbelwinkelposition liegen Zylinderdruck p_{LWOT} und Zylindervolumen V_{LWOT} vor.

- Es wird kein Brennstoff nach dem Öffnen des Auslassventils eingespritzt.

- Das im Zylinder verbleibende Restgas hat vom Beginn des Auslass-Öffnens bis zu dieser Referenzposition, gekennzeichnet durch V_{LWOT}, eine isentrope Zustandsänderung durchlaufen.

Mit diesen Annahmen lässt sich die folgende Gleichung für die interne Restgasmasse angeben:

$$m_{RG,int ern} = \frac{m_{AGR} + m_{Bhyd,total} + m_{Luft}}{\dfrac{V_{AÖ}}{V_{LWOT}} \cdot \left(\dfrac{p_{AÖ}}{p_{LWOT}}\right)^{\frac{1}{\kappa_{Abgas}}} - 1} \; . \qquad \text{Gl. 7.2-10}$$

Darin sind m_{AGR} die extern zurückgeführte AGR-Masse, $m_{Bhyd,total}$ die gesamte eingespritzte Brennstoffmasse, sowie m_{Luft} die Frischluftmasse je Arbeitsspiel. Der Index „AÖ" bezieht sich auf einen Zustand nahe dem Öffnen des Auslassventils. Der Isentropenexponent κ_{Abgas} wird aus den Stoffdaten nach Kapitel 4 berechnet.

Die detaillierte Ableitung von Gleichung 7.2-10 befindet sich in Anhang B.

7.3 Konstruktive Einflüsse auf das Androsselungspotential

Bereits in Kapitel 4 wurde auf die hohe Bedeutung des Schwachlastbetriebes einge-gangen. Zur Erzielung kleiner indizierter Mitteldrücke ist eine Androsselung des Mo-tors unbedingt erforderlich. Kann der Weg der frischluftseitigen Androsselung nicht beschritten werden, so bleibt nur der Weg über eine Wirkungsgradverschlechterung, z.B. durch sehr späte Einspritzung, in Kombination mit höheren Einspritzmengen zur Darstellung des stationären Fettbetriebes bei kleinen Motorlasten. Die Nachteile die-ser Strategie sind insbesondere ein hoher Brennstoffverbrauch sowie unzulässig ho-he Abgastemperaturen. Daher kommt im Schwachlastbetrieb dem Potential der frischluftseitigen Androsselung eine grundlegende Bedeutung zu. Unter dem Andros-selungspotential wird daher die Möglichkeit verstanden, die Partialluftdichte der Frischluft ρ_{L1} soweit zu verringern, dass das Brennverfahren gerade noch stabil bleibt. Der sich hierbei einstellende Wert wird mit $\rho_{L1,krit}$ bezeichnet. Je geringer die kritische Partialluftdichte $\rho_{L1,krit}$ ist, umso kleiner sind die darstellbaren indizierten Mit-teldrücke und umso höher ist das Androsselungspotential.

Die Partialluftdichte der Frischluft ρ_{L1} wird nach Gleichung 7.3-1 aus der vom Motor angesaugten Luftmasse m_{Luft} und dem Einzelhubvolumen V_h berechnet:

$$\rho_{L1} := \frac{m_{Luft}}{V_h} \, .$$

Gl. 7.3-1

Da die Luftmasse am Motorprüfstand als Messwert zur Verfügung steht, entfällt die Berechnung nach Gleichung 4.4-19.

Um ein Maß für das Androsselungspotential zu erhalten, wird der Quotient aus der Partialluftdichte $\rho_{L1,p0}$ und dem Wert $\rho_{L1,krit}$ gebildet. Die Größe $\rho_{L1,p0}$ ist die Partial-luftdichte der Frischluft, die sich beim Bezugsdruck p_0, hier 1000 mbar, vor Einlass-ventil unter sonst gleichen Bedingungen einstellen würde, siehe Gleichung 7.3-2. Diese Größe lässt sich aus dem auf den Einlasszustand bezogenen Liefergrad $\lambda_{L,E}$ und der Gasdichte $\rho_{EB,p0}$ [4.2], sowie der gesamten externen AGR-Rate Y_{AGR} be-rechnen. Der Liefergrad beträgt bei diesem Motor, bei der hier überwiegend unter-suchten Drehzahl von 2250 min^{-1} im ungedrosselten Betrieb 0.85.

$$\Psi := \frac{\rho_{L1,p0}}{\rho_{L1,krit}} = \frac{\rho_{EB,p0} \cdot (1 - Y_{AGR}) \cdot \lambda_{L,E}}{\rho_{L1,krit}}$$

Gl. 7.3-2

Unter dem Androsselungspotential wird im weiteren Verlauf dieser Arbeit diese Größe Ψ verstanden. Sie stellt einen hubraumunabhängigen Reduktionsquotienten für
den indizierten Mitteldruck gegenüber dem ungedrosselten Motor dar. Daher sind die
darstellbaren Mitteldrücke umso kleiner je größer das Androsselungspotential Ψ ist.

7.3.1 Einfluss des Verdichtungsverhältnisses

Um den Einfluss des Verdichtungsverhältnisses zu ermitteln, wurden im Versuchsmotor drei verschiedene Kolben untersucht. So konnten die Verdichtungsverhältnisse
15,8, 16,8 und 17,8 dargestellt werden. Der Motor wurde mit einer Einspritzmenge
von etwa 10 mg Dieselkraftstoff je Arbeitsspiel betrieben. Bei einer Abgasrückführrate von ca. 20 Prozent über den Niederdruckpfad, wurde sukzessive die Drosselklappe am Eintritt des Einlassbehälters geschlossen. **Abbildung 7.3-1** zeigt beispielhaft
die Verdampfungsratenverläufe und Brennverläufe für drei Einstellungen der Frischluft-Partialdichte. Man erkennt die sich mit abnehmender Frischluft-Partialdichte immer weiter verschleppende Verbrennung.

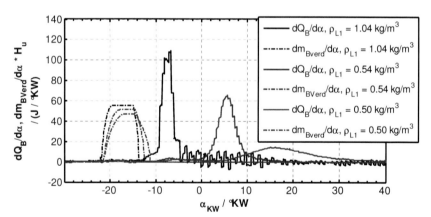

Abbildung 7.3-1: *Drosselversuch am Motorprüfstand, verschiedene Frischluft-*
Partialdichten, n = 2250 min⁻¹, $T_{Einlass}$ = 306 K, ε = 16.8, USDK
mit CZ = 43, eine Einspritzung, m_{Bhyd}=10 mg je Arbeitsspiel, $α_{EB}$
= -21 °KW, Y_{AGR} = 0.20.

Die Verschleppung des Brennverlaufs ist weitaus ausgeprägter als die Verschleppung im Verdampfungsverlauf. Weiterhin zeigt sich hier eine abnehmende Verdamp-

fungsrate und die damit einhergehende Verlängerung des Verdampfungsvorgangs. Dieser ist jedoch in jedem Fall vor dem Brennbeginn abgeschlossen. Daher kann mangelnde Brennstoffverfügbarkeit in den Verbrennungszonen nicht als Ursache für die verschleppte Verbrennung mit ihren niedrigen Umsatzraten angesehen werden. Andererseits scheidet auch die lokale Abkühlung in den zündverzugrelevanten Gemischzonen aufgrund der Brennstoffverdampfung als Ursache für den langen Zündverzug weitgehend aus, da der Verdampfungsvorgang insbesondere bei den kritischen langen Zündverzügen nur einen kleinen zeitlichen Anteil an der gesamten Zündverzugszeit ausmacht. Dies bedeutet, dass bei diesem stark angedrosselten Motorbetrieb der Zündverzug im Wesentlichen durch die chemischen Vorgänge geprägt ist. Bei genauer Betrachtung von **Abbildung 7.3-1** lässt sich der für Kohlenwasserstoffe typische mehrstufige Entflammungsprozess erkennen, wobei hier besonders die zweite Stufe gut zu erkennen ist. Bei allen Einstellungen erkennt man, dass diese bei etwa 8 bis 10 Grad KW vor dem oberen Totpunkt einsetzt, dies ist selbst bei der extremsten Einstellung in **Abbildung 7.3-1** von $\rho_{L1} = 0.50$ kg/m^3 der Fall.

Der Punkt an dem die zweite Stufe des Entflammungsprozesses detektiert wird, stimmt gut mit dem bereits in Kapitel 5 definierten nominellen Brennbeginn α_{BB} überein. Jetzt allerdings an dem um die Brennstoffverdampfung korrigierten Brennverlauf. Dieser Brennbeginn wurde aus dem integralen Brennverlauf durch Extrapolation einer Geraden auf die Nulllinie gewonnen. Diese Gerade wurde durch die Brennstoff-Umsatzpunkte von 10 und 20 Joule eindeutig bestimmt. Analog hierzu wird ein weiteres Verbrennungsmerkmal definiert, nämlich die Kurbelwinkelposition der „thermischen Entflammung" α_{TE}. Dieser Punkt wird ebenfalls aus dem integralen Brennverlauf gewonnen, indem an der Stelle der maximalen Umsatzrate aus dem Brennverlauf auf die Nulllinie linear extrapoliert wird. Für die Steigung dieser Extrapolations-Geraden wird die maximale Umsatzrate $\dot{Q}_{B,max}$ gewählt. Der Schnittpunkt mit der Nulllinie kennzeichnet die Kurbelwinkelposition der thermischen Entflammung α_{TE}. Der Abstand vom nominellen Brennbeginn bis zur thermischen Entflammung charakterisiert den Zündverzug der zweiten Phase des mehrphasigen Entflammungsprozesses. Diese zweite Phase fällt in den Bereich der sogenannten kalten Flammen, wo ein negativer Temperaturkoeffizient im Zündverzugszeit-Temperatur-Diagramm zu beobachten ist [4.2], [4.13], [4.16]. Hierauf wird später noch genauer eingegangen. Trotz des langen Zündverzuges kommt es bis zu einem gewissen Androsselgrad immer noch zu thermischen Entflammungen, allerdings mit abnehmenden maximalen Umsatzraten. Dieses Phänomen ist das eigentliche Problem, dass ab einer gewissen Zündverzugslänge der Brennstoff nur mit verminderter Umsatzrate verbrennt, obwohl sich noch Vorreaktionen zeigen. Dies geht so weit, bis sich bei weiterer Androsselung schließlich nur noch die zweite Phase des Entflammungsprozesses zeigt, aber eine thermische Entflammung nicht mehr. Zur Untersuchung dieses Phänomens wird das Strahlmodell herangezogen. Wie in Kapitel 5 und 6 gezeigt, breitet sich auch nach dem Einspritzende die Gasphase des Einspritzstrahls weiter so aus, wie es dem stationären Fall entspricht, d.h. der Einspritzstrahl penetriert weiterhin so, als wäre das Einspritzereignis nicht beendet worden, siehe hierzu **Abbildung 7.3-2**. Es wird nun angenommen, dass sich die Hauptgemischzone zwischen der Strahlspitze x_{Spray} und einer Position x_{Spray2} befindet. Die ergibt sich durch das Verschieben der Penetrationskurve x_{Spray} zum Ende der hohen Einspritzrate. Hier wird letztmalig für das aktuelle Einspritzereignis Brennstoff unter hoher Geschwindigkeit in den Brennraum eingebracht.

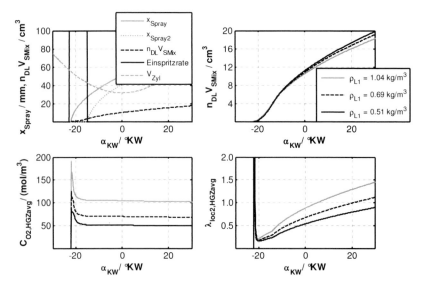

Abbildung 7.3-2: *Oben links: Eingrenzung der Hauptgemischzone anhand der Strahlspitzenpenetration. Oben rechts: Hauptgemischzone bei unterschiedlichen Gasdichten. Unten links: Mittlere Sauerstoffkonzentration. Unten rechts: Mittleres Luftverhältnis in der Hauptgemischzone. Düse mit $Q_{Hyd} = 705\ cm^3/min$ bei 100 bar, $\varepsilon = 16.8$, $Y_{AGR} = 0.20$.*

Nach den Ausführungen in Kapitel 6 lässt sich das Volumen dieser Hauptgemischzone als Kegelstumpf mit der Höhe $x_{Spray} - x_{Spray2}$ berechnen. In **Abbildung 7.3-2** ist dieser Volumenverlauf $n_{DL}V_{SMix}$ als Summe aller Strahlbereiche dargestellt. Die Sauerstoffkonzentration ist bei lokalem Luftmangel die Konzentration, die die Umsatzrate bestimmt [4.13]. Als Bezugspunkt für die Umsatzraten bestimmende Konzentration im Hochdruckprozess sei hier der Schwerpunkt des Brennverlaufs α_{SPBV} gewählt. Bei allen untersuchten Motoreinstellungen zeigte sich an dieser Bezugsmarke in der Hauptgemischzone ein mittleres Luftverhältnis $\lambda_{loc2,HGZavg}$ kleiner 1. Die Definition dieses lokalen Luftverhältnisses entspricht der des Verbrennungsfalles 2 aus Kapitel 4. Bei dieser Definition werden nur die unverbrannten Komponenten in die Berechnung des lokalen Luftverhältnisses einbezogen. Man erkennt in **Abbildung 7.3-2** unten rechts, dass bereits bei leichter Androsselung sich der Punkt an dem $\lambda_{loc2,HGZavg}$ den Wert 1 erreicht sehr weit in Richtung spät verschiebt. Beispielsweise liegt dieser Punkt bei einer Frischluft-Partialdichte von 0.69 kg/m^3 bei 20 Grad Kurbelwinkel. In allen untersuchten Punkten liegen die ermittelten Schwerpunktlagen der Verbrennung vor dem Punkt an dem das mittlere lokale Luftverhältnis im Strahl den Wert 1 erreicht. Die mittlere Sauerstoffkonzentration $c_{O2,SPBV}$ beim Schwerpunkt des Brennverlaufs ist daher eine geeignete Größe um das Reaktionsverhalten zu beschreiben. Sie fasst den Einfluss vom lokalen Luftverhältnis und der Gasdichte in der Hauptgemischzone in geeigneter Weise zusammen. Der Verlauf der mittleren Sauerstoffkonzentration $c_{O2,HGZavg}$ zeigt, über dem Kurbelwinkel aufgetragen, einen nahezu waagerechten Verlauf. Dies ist darin begründet, dass mit fortschreitender Beimischung von Umgebungsgas in den Strahl die Sauerstoffkonzentration und das Gemischvolumen gleichermaßen erhöht werden. Das Niveau der Sauerstoffkonzentration verschiebt sich erwartungsgemäß mit zunehmender Androsselung zu kleineren Werten. Der Volumenverlauf der Hauptgemischzone, wie in **Abbildung 7.3-2** gezeigt, ändert sich mit den Gasdichten: Bei verringerter Gasdichte im Brennraum infolge Androsselung vermindert sich einerseits der Strahlöffnungswinkel, siehe Kapitel 5, andererseits erhöht sich aber die Penetrationsgeschwindigkeit des Einspritzstrahls, wodurch die zu einer bestimmten Zeit erreichte Penetrationslänge steigt. Es konkurrieren schnellere Strahlpenetrationen und abnehmende Strahlaufweitung in nichtlinearer Weise miteinander. Beide Parameter sind für das Hauptgemischvolumen entscheidend. Betrachtet man **Abbildung 7.3-2**, rechts, so erkennt man, dass sich mit abnehmender Gasdichte das Gemischvolumen vergrößert, d.h. die schnellere Strahlpenetration überkompensiert den Effekt der abnehmenden Gasdichte. Dieses Verhalten wurde mit einem einfacheren Penetrationsmodell nach [7.5] verifiziert. Hierbei zeigte sich die gleiche Abhängigkeit des Strahlvolumens von der Gasdichte.

Nach den Ausführungen in Kapitel 6 liegen für den Einspritzstahl alle entscheidenden Größen in Abhängigkeit des Mischungsbruches Z vor. Die über das Hauptgemischvolumen gemittelte Sauerstoffkonzentration $C_{O2,SPBV}$ wird über den gemittelten Gasphasen-Mischungsbruch $Z_{S,Gas,avg}$ und der gemittelten Dichte $\rho_{Gas,avg}$ berechnet, siehe Gleichung 7.3-3. Die hierfür relevanten Größen werden numerisch berechnet.

Sollte das Gemischvolumen die Ausmaße des Brennraumvolumens annehmen, was bei schneller Strahlpenetration und hohem Verdichtungsverhältnis aufgrund des kleinen Brennraumes eintreten könnte, wird folgendermaßen verfahren: Bis zu dem ersten Schnittpunkt vom Gemischvolumen-Verlauf und dem aktuellen Zylindervolumen wird der Korrekturfaktor K_C zu 1 gesetzt.

$$C_{O2,SPBV} = \frac{\rho_{Gas,avg}(\alpha_{SPBV})}{M_{O2}} \cdot \left(1 - Z_{Gas,avg}(\alpha_{SPBV})\right) \cdot Y_{O2}^{FG} \cdot K_C \qquad \text{Gl. 7.3-3}$$

Wenn das Gemischvolumen einmalig die Ausmaße des Brennraumes erreicht hat, ist von nun an das Brennraumvolumen selbst konzentrations-bestimmend. Damit wird K_C zu:

$$K_C = \frac{n_{DL} \cdot V_{SMix}}{V_{Zyl}} \cdot \qquad \text{Gl. 7.3-4}$$

Mit Gleichung 7.3-4 wird die aus dem Strahlmodell und Gleichung 7.3-3 erhaltene Sauerstoffkonzentration auf das gesamte Brennraumvolumen umgerechnet.

Bei dieser Betrachtung wird von einem sich frei ausbreitenden Strahl ausgegangen. Im Motor trifft der Einspritzstrahl nach kurzer Distanz auf die Brennraumwand, wodurch es zu Strahlumlenkungen kommt. Es wird aber weiterhin angenommen, dass sich die volumetrische Entwicklung der Hauptgemischzone dadurch nicht wesentlich verändert. Stellt man die Ergebnisse über der Partial-Frischluftdichte dar, so ergibt sich das in *Abbildung 7.3-3* gezeigte Bild. Man erkennt hier gut, dass der Umsetzungsgrad η_U, wie er in Kapitel 5 definiert ist, ein guter Indikator für die Stabilität des Brennverfahrens ist. Der steile Abfall unterhalb einer kritischen Partialluftdichte kennzeichnet die Grenze des Brennverfahrens. Dies findet einheitlich bei allen untersuchten Verdichtungsverhältnissen bei einem Umsetzungsgrad von 0.85 bis 0.90 statt, siehe **Abbildung 7.3-3**, links oben. Auffällig ist, dass an dieser Grenze die Sauer-stoffkonzentration $C_{O2,SPBV}$ mit zunehmenden Verdichtungsverhältnis leicht abnimmt: Eine Sauerstoffkonzentration von ca. 60 mol je Kubikmeter stellt bei einem Verdichtungsverhältnis von 15.8 den kritischen Wert dar, während dieser bei einem Verdichtungsverhältnis von 17.8 auf etwa 50 mol je Kubikmeter absinkt, siehe rechts oben in **Abbildung 7.3-3**. Auch die maximale Umsatzrate $\dot{Q}_{B,max}$ nimmt mit kleiner werdendem Verdichtungsverhältnis ab, wie im Diagramm rechts unten zu sehen ist. Dies ist auf das niedrigere Temperaturniveau während der Verbrennung zurückzuführen. Dieses niedrigere Temperaturniveau ist auf die geringere Ausgangstemperatur und die größere Restgasrate zurückzuführen. Dies ist an der Darstellung in **Abbildung 7.3-3**, links unten gut zu erkennen. Hier ist das Verhältnis von gesamter AGR-Rate zur äußeren AGR-Rate dargestellt. Beim kleinsten Verdichtungsverhältnis stellt sich aufgrund des großen Verbrennungsraumes das höchste Verhältnis ein. Hinzu kommt noch, dass bei zunehmender Androsselung der Anstieg zu höheren Werten sehr frühzeitig beginnt.

Werden die Kurbelwinkelstellungen von wichtigen Prozessereignissen, wie Einspritzbeginn α_{EB}, Verdampfungsbeginn α_{VerdB}, Verdampfungsschwerpunkt α_{SPVerd}, Brennbeginn α_{BB}, Beginn der thermischen Entflammung α_{TE} und Schwerpunkt des Brennverlaufes α_{SPBV} über Frischluftpartialdichte ρ_{L1} dargestellt, so ergibt sich das Bild nach **Abbildung 7.3-4**, in den 3 Diagrammen von links oben bis links unten.

Auffällig ist, dass die Änderungen im Verdampfungsprozess gegenüber den anderen Phänomenen in erster Näherung vernachlässigbar sind. Sowohl der Verdampfungsbeginn als auch der Verdampfungsschwerpunkt erfahren bei zunehmender Androsselung nur Änderungen in der Größenordnung von etwa 1 bis 3 Grad Kurbelwinkel. Selbst der nominelle Brennbeginn α_{BB}, nach der Definition aus Kapitel 5, der sehr gut mit dem Beginn der zweiten Stufe des mehrphasigen Entflammungsprozesses übereinstimmt, erfährt nur bei sehr starker Androsselung eine zu berücksichtigende Spätverschiebung. Einen deutlichen Einfluss erkennt man an dem Beginn der thermischen Entflammung α_{TE}.

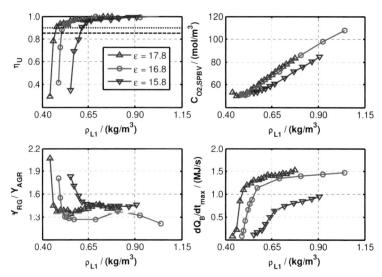

Abbildung 7.3-3: *Drosselversuch am Motorprüfstand bei 3 verschiedenen Verdichtungsverhältnissen; n = 2250 min⁻¹, Q_{Hyd} = 705 cm³/min bei 100 bar, USDK mit CZ = 43, m_{Bhyd} = 10 mg/Asp, α_{EB} = -21 °KW, Y_{AGR} = 0.20.*

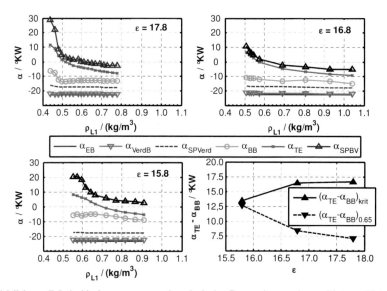

Abbildung 7.3-4: *Verbrennungsmerkmale beim Drosselversuch am Motorprüfstand bei unterschiedlichen Verdichtungsverhältnissen; n = 2250 min⁻¹, Q_{Hyd} = 705 cm³/min bei 100 bar, USDK mit CZ = 43, m_{Bhyd} = 10 mg/Asp, α_{EB} = -21 °KW, Y_{AGR} = 0.20.*

Dieser Entflammungsbeginn verschiebt sich zunächst wenig, dann aber progressiv ansteigend in Richtung spät. Infolge dessen wandert auch der Schwerpunkt des Brennverlaufes α_{SPBV} in Richtung spät. Dies bedeutet aber, dass sich die Androsselung im Wesentlichen auf die zweite Phase der Entflammung auswirkt. Ein hohes Verdichtungsverhältnis wirkt in dieser Hinsicht mehrfach vorteilhaft. Einerseits verkürzt sich unter sonst gleichen Randbedingungen der Zündverzug aufgrund der höheren Zustandswerte Druck und Temperatur bei Einspritzbeginn. Diese Verkürzung wirkt insbesondere auf die zweite Phase des Entflammungsprozesses. Diese setzt bei hohem Verdichtungsverhältnis früher ein und das Gemisch verbrennt daher bevor durch die Volumenvergrößerung des Brennraums sich die Sauerstoffkonzentration und die Temperatur soweit verringert haben, dass die Entflammungsreaktionen zum Stillstand gekommen sind. Andererseits sind auch bei kleinerer Sauerstoffkonzentration die Reaktionsraten durch die höhere Ausgangstemperatur größer. Weiterhin liegt während der Gemischbildungsphase bei einem hohen Verdichtungsverhältnis bei gleicher Prozessanfangsdichte im Brennraum eine höhere Gasdichte vor, die einen schnelleren Anstieg im lokalen Luftverhältnis $\lambda_{loc2,HGZavg}$ bewirkt. Hierdurch liegt dieses am Verbrennungsschwerpunkt näher beim Wert eins, womit der Umsetzungsgrad und die adiabate Verbrennungstemperatur steigen. Das größte, hier untersuchte, Verdichtungsverhältnis von 17.8 liefert daher bei starker Androsselung und langem Zündverzug eine stabilere Verbrennung mit höherer Wärmefreisetzungsrate als dies bei niedrigen Verdichtungsverhältnissen der Fall ist, siehe hierzu auch **Abbildung 7.3-3**, unten rechts.

In **Abbildung 7.3-4**, unten rechts, zeigt die durchgezogene Kurve die Winkelspanne der zweiten Phase des Entflammungsprozesses an der Stabilitätsgrenze des Brennverfahrens. Man erkennt, dass hier diese Phase, wie auch die gesamte Zündverzugsspanne, an der Stabilitätsgrenze bei den Verdichtungsverhältnissen 17.8 und 16.8 deutlich größer ist, als bei einem Verdichtungsverhältnis von 15.8. Das bedeutet, dass das Brennverfahren bei einem hohen Verdichtungsverhältnis toleranter gegenüber Androsselung ist. Die gestrichelte Linie in **Abbildung 7.3-4,** unten rechts, zeigt, wie sich bei festgehaltener Frischluft-Partialdichte von 0.65 kg/m^3 die Spanne der thermischen Entflammung vergrößert, wenn das Verdichtungsverhältnis abnimmt. Bei allen untersuchten Verdichtungsverhältnissen konnte jedoch keine thermische Entflammung später als 10 Grad Kurbelwinkel nach dem oberen Totpunkt dargestellt werden. Daher lässt sich die Hypothese aufstellen, dass die thermische

Entflammung spätestens 8 bis 10 Grad Kurbelwinkel nach dem oberen Totpunkt erfolgen muss, damit überhaupt noch eine Brennstoffumsetzung stattfindet.

Berechnet man das Androsselungspotential nach Gleichung 7.3-2 und trägt es über dem Verdichtungsverhältnis auf, so ergibt sich der in **Abbildung 7.3-5** dargestellte Zusammenhang. Man erkennt, dass sich bei Steigerung des Verdichtungsverhältnisses um eine Einheit das Androsselungspotential um etwa 0.2 erhöht. Bei einem Verdichtungsverhältnis von 17.8 lassen sich mit dem Androsselungspotential von 1.6 daher Mitteldrücke darstellen, die nur 63 Prozent des ungedrosselten Zustandes entsprechen. Bei einem Verdichtungsverhältnis von 15.8 liegt dieser Wert bei etwa 80 Prozent des ungedrosselten Zustandes.

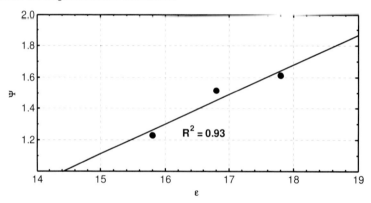

Abbildung 7.3-5: Androsselungspotential in Abhängigkeit vom Verdichtungsverhältnis bei $n = 2250\ min^{-1}$, $Q_{Hyd} = 705\ cm^3/min$ bei 100 bar, USDK mit CZ = 43.

Die Grenze der Androsselung liegt hier bei einem Verdichtungsverhältnis von etwa 14.2, siehe **Abbildung 7.3-5**, im Schnittpunkt der Ausgleichsgeraden mit der Abszisse. Unterhalb dieses Verdichtungsverhältnisses müsste der Motor sogar aufgeladen werden, um ihn unter diesen Bedingungen lauffähig zu halten.

7.3.1 Der Einfluss der Düsengröße

Um den Einfluss der Düsengröße zu ermitteln, wurden Drosselversuche an der Motorvariante mit einem Verdichtungsverhältnis von 16.8 für verschiedene Düsengrößen durchgeführt. Anhand von **Abbildung 7.3-6**, links oben, erkennt man, dass das Absinken des Umsetzungsgrades bei der 600er und 705er Düse etwa bei gleicher

Partialluftdichte einsetzt. Lediglich die 785er Düse zeigt ein etwas früheres Eintauchen in den kritischen Bereich des Unsetzungsgrades von 0.85 bis 0.90, hier dargestellt durch die strichpunktierte und punktierte Linie im Bild links oben. Unterhalb eines Umsetzungsgrades von 0.90 wird der Verlauf mit abnehmender Düsengröße flacher, so dass der Umsetzungsgrad von 0.85 bei kleinerer Partialluftdichte erreicht wird.

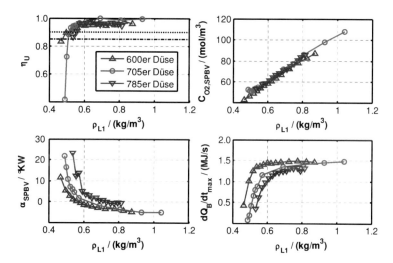

Abbildung 7.3-6: *Verbrennungsmerkmale beim Drosselversuch am Motorprüfstand bei verschiedenen Düsendurchflüssen; n = 2250 min⁻¹, USDK mit CZ = 43, m$_{Bhyd}$ = 10 mg/Asp, α$_{EB}$ = -21 °KW, Y$_{AGR}$ = 0.20.*

Ursache hierfür ist ein mit abnehmender Düsengröße etwas größeres Gemischvolumen der Hauptgemischzone. Wie **Abbildung 7.3-6,** oben rechts zeigt, ist die mittlere Sauerstoffkonzentration zum Zeitpunkt des Verbrennungsschwerpunktes in etwa für alle Düsen gleich. Die unabhängig hiervon aus der Druckverlaufsanalyse gewonnenen maximalen Umsatzraten, siehe **Abbildung 7.3-6,** unten rechts, zeigen aber eine mit abnehmender Düsengröße zunehmende maximale Brennstoffumsatzrate. Durch die schnellere Verbrennung liegt der Schwerpunkt etwas früher, siehe **Abbildung 7.3-6,** unten links. Die höhere Umsatzrate des in der Hauptgemischzone befindlichen Brennstoffes bei abnehmender Düsengröße resultiert aus der kleineren Brennstoffmenge, die als flüssige Phase am Ende der Einspritzung vorliegt, siehe **Abbildung 7.3-7,** rechts. Hier ist die Brennstoffmasse, die nach Einspritzende in flüssiger Phase vorliegt, über der im Brennraum, während der Einspritzung vorliegenden mittleren Gasdichte, aufgetragen. Dabei handelt es sich um Brennstoff der sich aus der Penetrationslänge der flüssigen Phase einerseits und dem auf die Brennraumwand aufgetragenen Brennstoff andererseits ergibt. Dieser Brennstoff verdampft lokal in Düsennähe bzw. Brennraumwandnähe unter eingeschränkten Durchmischungsmechanismen.

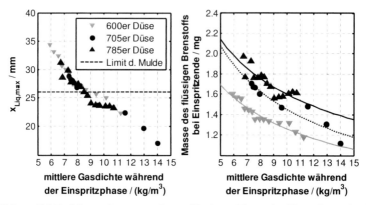

Abbildung 7.3-7: Länge der ungestörten flüssigen Phase im Einspritzstrahl, links, sowie in flüssiger Phase vorliegende Brennstoffmasse bei Einspritzende, rechts; $n = 2250$ min^{-1}, $\varepsilon = 16.8$, USDK mit $CZ = 43$, $m_{Bhyd} = 10$ mg je Arbeitsspiel, $\alpha_{EB} = -21$ °KW, $Y_{AGR} = 0.20$.

Trotz sehr ähnlicher Eindringtiefen $x_{Liq,max}$ der flüssigen Phase im Falle des ungestörten Einspritzstrahls, wie in **Abbildung 7.3-7**, links gezeigt, wird daher mit abnehmenden Düsenlochdurchmesser, deutlich zu sehen am Beispiel der 600er Düse in **Abbildung 7.3-7**, rechts, weniger Brennstoff düsennah beziehungsweise wandnah gespeichert. Der Düsenlochdurchmesser beeinflusst auch den Durchmesser des flüssigen Brennstoffkegels. Daraus ergibt sich, dass bei etwa gleicher mittlerer Sauerstoffkonzentration und der entsprechend größeren Brennstoffmasse, die sich als Gasphase in der Hauptgemischzone befindet, ein größeres Gemischvolumen existieren muss. Dieses wird durch Berechnungen des Hauptgemischvolumens für die drei untersuchten Düsengrößen bestätigt, siehe **Abbildung 7.3-8**. Für diesen Vergleich wurde hier eine Partial-Frischluftdichte von 0.54 kg/m^3 gewählt. Kleine Düsenlochdurchmesser wirken sich daher günstig auf das Androsselungspotential aus.

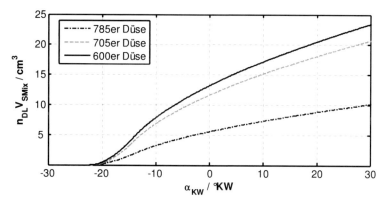

Abbildung 7.3-8: *Entwicklung des Gemischvolumens in Abhängigkeit vom Kurbel-winkel für verschiedene Düsengrößen; $n = 2250$ min^{-1}, $\varepsilon = 16.8$, USDK mit CZ = 43, $m_{Bhyd} = 10$ mg/Asp, $\alpha_{EB} = -21$ °KW, $p_{Rail} = 600$ bar, $\rho_{L1} = 0.54$ kg/m^3, $Y_{AGR} = 0.20$.*

7.4 Einfluss des Brennstoffes auf das Androsselungspotential

Die bisherigen Versuche sind überwiegend mit dem US-Dieselkraftstoff mit einer Ce-tanzahl von 43 durchgeführt worden. Hintergrund dafür ist zum einen, dass es hierbei um einen für den nordamerikanischen Markt typischen Kraftstoff handelt. Um den schadstoffarmen Dieselmotor in Nordamerika zu etablieren, muss das Brennverfah-ren unter diesen Anforderungen stabil arbeiten. Zum anderen bewirkt eine kleine Ce-tanzahl einen langen Zündverzug, wodurch die Einzelphänomene der Gemischbil-dungs- und Entflammungsphase tendenziell zeitlich gedehnt werden, was die Analy-se vereinfacht. Da der Brennstoff, insbesondere die Cetanzahl, aber einen entschei-denden Einfluss auf den Entflammungsprozess hat, soll in diesem Kapitel dieser Ein-fluss untersucht werden. Daher sind neben den Stoffwerten für US-Diesel auch die analogen Datenbanken für EU-Diesel erstellt worden. Dies sind insbesondere die physikalischen Daten für den unverbrannten Brennstoff, sowie kalorischen Daten des Verbrennungsgases, die aus dem jeweiligen Brennstoff hervorgehen. Aus den Dros-selversuchen geht das in *Abbildung 7.4-1* gezeigte Bild hervor. Hier erkennt man an dem Umsetzungsgrad η_U, dass mit einer Cetanzahl von 54 für den EU-

Dieselkraftstoff gegenüber einer Cetanzahl von 43 für den US-Dieselkraftstoff die Androsselung deutlich weiter getrieben werden kann. Der US-Dieselkraftstoff verlässt das in **Abbildung 7.4-1** eingezeichnete Umsetzungsgradband von 0.85 bis 0.90 knapp oberhalb einer Partialluftdichte von 0.5, während dies beim EU-Dieselkraftstoff unterhalb von 0.4 der Fall ist.

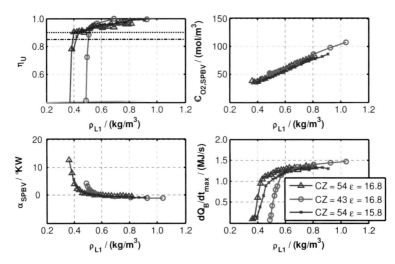

Abbildung 7.4-1: *Verbrennungsmerkmale beim Drosselversuch am Motorprüfstand bei verschiedenen Brennstoffen; n = 2250 min^{-1}, Vergleich USDK mit EUDK, m_{Bhyd} = 10 mg/Asp, α_{EB} = -21 °KW, Y_{AGR} = 0.20, ε = 16.8 (15.8).*

Zusätzlich ist in **Abbildung 7.4-1** der Fall EU-Dieselkraftstoff beim Betrieb mit einem Verdichtungsverhältnis 15.8 aufgetragen. Damit ist der Brennstoff mit der höheren Cetanzahl nahezu vollständig in der Lage, das kleinere Verdichtungsverhältnis zu kompensieren.

Die höhere Cetanzahl wirkt dabei verkürzend auf die zweite Phase der Entflammung, wie auch schon bei der Erhöhung des Verdichtungsverhältnisses, siehe hierzu **Abbildung 7.4-2**. Hier wird als Vergleichspunkt der Punkt, an dem die thermische Entflammung gerade den oberen Totpunkt erreicht, herangezogen. Dies wird durch die gestrichelte senkrechte Linie in **Abbildung 7.4-2** gezeigt.

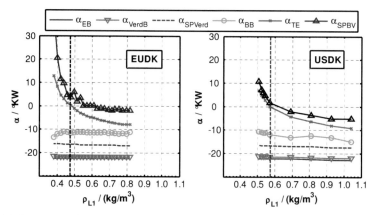

Abbildung 7.4-2: *Verbrennungsmerkmale beim Drosselversuch am Motorprüf-stand, Vergleich USDK mit EUDK, ; n = 2250 min^{-1}, m$_{Bhyd}$ = 10 mg/Asp, α_{EB} = -21 °KW, Y$_{AGR}$ = 0.20, Q$_{Hyd}$ = 705 cm^3/min bei 100 bar, ε = 16.8.*

Der Punkt der thermischen Entflammung und damit auch der Schwerpunkt der Verbrennung verschieben sich am deutlichsten, während alle anderen Verbren-nungsmerkmale näherungsweise unverändert bleiben. Der Punkt der thermischen Entflammung erreicht beim US-Dieselkraftstoff bereits bei einer Partialluftdichte von 0.57 kg/m^3 die „Null-Grad-Kurbelwinkelmarke". Dies ist beim EU-Dieselkraftstoff erst bei weiterer Androsselung und einer Partialluftdichte von 0.48 kg/m^3 der Fall. Die „Null-Grad-Kurbelwinkelmarke" ist für die thermische Entflammung insofern von Be-deutung, da ab dieser Marke die Konzentrationsabnahme der Hauptgemischzone beginnt, so dass die Sauerstoffkonzentration zunehmend kleiner wird und ab einem kritischen Wert eine schnelle Brennstoffumsetzung nicht mehr unterstützt wird.

Zusammenfassend lässt sich feststellen, dass die Cetanzahl des Brennstoffs einen bedeutenden Einfluss auf das Androsselungspotential hat, wie dies auch in **Abbil-dung 7.4-3** gezeigt wird. Hier ist analog zu **Abbildung 7.3-5** das Androsselungspo-tential über dem Verdichtungsverhältnis dargestellt. Man erkennt den deutlich flache-ren Verlauf der Ausgleichskurve für den Brennstoff mit der höheren Cetanzahl. Leider konnte im Rahmen dieser Arbeit das Androsselungspotential mit dem Verdichtungs-verhältnis 17.8 in Kombination mit dem EU-Dieselkraftstoff nicht untersucht werden. Daher basiert die Ausgleichsgerade für diesen Brennstoff nur auf 2 Punkten.

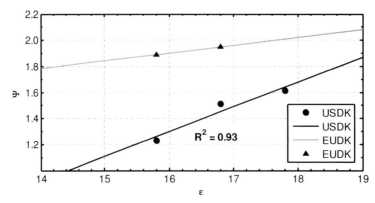

Abbildung 7.4-3: *Androsselungspotential in Abhängigkeit vom Verdichtungsverhältnis bei verschiedenen Cetanzahlen; n = 2250 min^{-1},
Q_{Hyd} = 705 cm^3/min bei 100 bar, USDK mit CZ = 43 und EUDK
mit CZ = 54.*

Ein Brennstoff mit hoher Cetanzahl mindert die Abhängigkeit vom Verdichtungsverhältnis deutlich, wie in **Abbildung 7.4-3** zu sehen ist. Die Absenkung des Verdichtungsverhältnisses unter einen Wert von etwa 16.5 bis 17.0 ist daher für einen Motor,
für den ein DeNOx-Fettbetrieb vorgesehen ist, nur unter Verwendung von Brennstoffen mit einer hohen Cetanzahl, größer 51, zu empfehlen.

7.5 Einfluss der Motordrehzahl auf das Androsselungspotential

In den bisher behandelten Abschnitten wurde deutlich, dass sich mit zunehmender Androsselung insbesondere die zweite Phase des Zündverzugs verlängert. Da der Zündverzug ein zeitbasierter Prozess ist, ist eine Drehzahlabhängigkeit des Androsselungspotentials zu erwarten. In der Tat erkennt man in **Abbildung 7.5-1**, dass sich charakteristische Verbrennungsmerkmale mit steigender Motordrehzahl zu höheren Partial-Frischluftdichten hin verschieben.

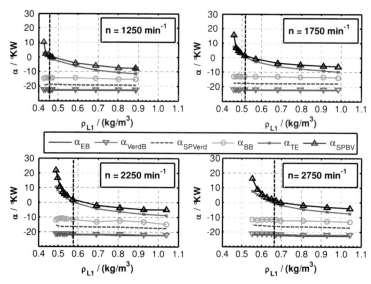

Abbildung 7.5-1: *Verbrennungsmerkmale beim Drosselversuch am Motorprüfstand bei verschiedenen Motordrehzahlen; n =1250 bis 2750 min⁻¹, USDK, m_{Bhyd} = 10 mg/Asp, α_{EB} = -21 °KW, Y_{AGR} = 0.20, Q_{Hyd} = 705 cm³/min bei 100 bar, ε = 16.8.*

Als Bezugsmerkmal wird auch hier wieder der Winkel der thermischen Entflammung α_{TE} herangezogen. Betrachtet man die Partialluftdichten bei denen die thermische Entflammung gerade im oberen Totpunkt einsetzt, kenntlich gemacht durch die gestrichelten vertikalen Linien in **Abbildung 7.5-1**, so erkennt man, dass dieser Punkt mit steigender Drehzahl nach rechts zu höheren Partialluftdichten wandert.

Der bei den höheren Drehzahlen, 2250 min⁻¹ und 2750 min⁻¹, etwas verspätete Verdampfungsschwerpunkt ist für den Verbrennungsablauf nach wie vor unkritisch.

Ermittelt man das Androsselungspotential anhand des Umsetzungsgrades, so ergibt sich das Bild, wie in **Abbildung 7.5-2** gezeigt. Hier erkennt man, dass mit steigender Motordrehzahl das Androsselungspotential zunächst wenig, dann aber immer stärker abfällt.

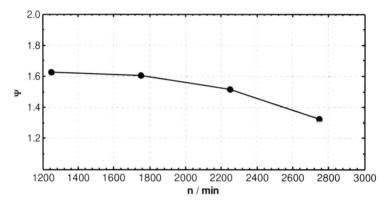

Abbildung 7.5-2: *Androsselungspotential in Abhängigkeit von der Motordrehzahl, USDK, $m_{Bhyd} = 10$ mg/Asp, $\alpha_{EB} = -21$ °KW, $Y_{AGR} = 0.20$, $Q_{Hyd} = 705$ cm³/min bei 100 bar, $\varepsilon = 16.8$.*

Dieses Verhalten ist darin begründet, dass sich ausgehend von einer kleinen Motordrehzahl der Polytropenexponent während der Verdichtungshase mit der Drehzahl erhöht. Hierdurch steigen die während der Zündverzugsphase relevanten Drücke und Temperaturen mit der Motordrehzahl leicht an und wirken damit der Winkelverlängerung der thermischen Entflammungsphase entgegen. Dieser Effekt ist bei kleiner Drehzahl ausgeprägter als bei hoher Drehzahl. Als weiterer Einfluss kommt hinzu, dass die zeitliche Volumen-Änderungsrate des Brennraumes bei kleinerer Drehzahl geringer ist, d. h. dass eine thermische Entflammung, die nach dem oberen Totpunkt einsetzt, durchaus noch mit einer stabilen Verbrennung abgeschlossen werden kann. Bei hoher Expansionsrate, d.h. hoher Motordrehzahl, werden die Brennstoffkonzentration und die Temperatur in der Reaktionszone schnell reduziert und die Reaktion friert ein. Kleine Motordrehzahlen sind daher toleranter bezüglich den nach dem oberen Totpunkt gelegenen Verbrennungsstartpunkten.

Kleine Motordrehzahlen wirken sich daher günstig auf das NSK-Regenerationsvermögen des Motors aus.

7.6 Einfluss von Einlasstemperatur und Abgasrückführrate auf das Androsselungspotential

Die bisherigen Untersuchungen am Motorprüfstand wurden bei einer Einlasstemperatur etwas oberhalb der Umgebungstemperatur, von ca. 308 K, durchgeführt. Eine Anhebung der Temperatur vor Einlassventil senkt zum einen die Frischgasdichte bei konstantem Druck im Zylinder, zum anderen stellt sich bei erhöhter Prozessanfangstemperatur eine gesteigerte Verdichtungsendtemperatur ein.

In Kapitel 4 wurde bereits erörtert, dass die auch aus anderen Gründen wichtige Zugabe von rückgeführtem Abgas zur Steigerung der Frischgastemperatur verwendet werden kann. Wird auf eine zu intensive Kühlung dieses rückgeführten Abgases verzichtet, so stellt sich eine entsprechend höhere Mischtemperatur ein. Die Verwendung von ungekühltem Hochdruck-AGR ist hierfür prädestiniert. Alternativ wird am Motorprüfstand eine externe Aufheizung des Gemisches aus Niederdruck-AGR und Frischluft angewendet. Dies gestattet eine gute Regelung der gewünschten Temperatur vor Einlassventil.

Da sich Temperatursteigerung vor Einlassventil und AGR-Zudosierung gut ergänzen, wird dies in diesem Kapitel gemeinsam behandelt.

Führt man den Drosselversuch einer um 40 K gesteigerten Temperatur vor Einlassventil bei sonst gleichen Verhältnissen durch, so zeigt sich der in **Abbildung 7.6-1** dargestellte Verlauf für die Kurven „348 K und $\lambda_{RG} > 1$". Man erkennt das Einknicken des Umsetzungsgrades η_U bei deutlich kleinerer Frischluft-Partialdichte. Dieser Versuch wurde mit magerem Restgas durchgeführt. Wiederholt man diesen Versuch mit stöchiometrischem Restgas, indem die Haupteinspritzmenge durch eine geregelte Nacheinspritzung so ergänzt wird, dass das globale Luftverhältnis 1 ergibt, lässt sich eine leicht nach rechts verschobene Kurve erkennen, siehe Kurve mit der Kennzeichnung „348 K und $\lambda_{RG} = 1$" in **Abbildung 7.6-1**. Die in der Frischladungsmasse enthaltene Restgasmasse ist nun sauerstofffrei, wodurch sich ein reduzierter Sauerstoffmassenanteil in der gesamten Frischladung, wie auch in der Hauptgemischzone einstellt, ebenfalls in **Abbildung 7.6-1** zu sehen. Der Verdacht, diese Verschiebung ist eine Folge des reduzierten Sauerstoffmassenanteils, konnte im Folgenden nicht bestätigt werden.

Zum Vergleich ist in **Abbildung 7.6-1** ein Drosselversuch ohne externe Abgasrückführmasse eingezeichnet, siehe Kurve mit der Kennzeichnung „308 K, kein AGR".

Man erkennt an dem Einknicken der Umsetzungsgradkurve bei relativ großen Frischluft-Partialdichten, dass der Verzicht auf rückgeführtes Abgas keine Lösung darstellt.

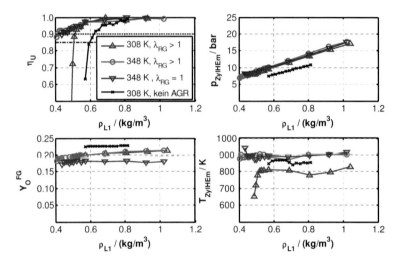

Abbildung 7.6-1: *Verbrennungsmerkmale beim Drosselversuch am Motorprüfstand
bei verschiedenen Gastemperaturen vor Einlassventil; n = 2250
min⁻¹, Vergleich verschiedener Temperaturen vor Einlassventil
und unterschiedliche Restgasqualitäten,* $m_{Bhyd,HE}$ = 10 mg/Asp,
α_{EB} = -21 °KW, Y_{AGR} = 0.20 bzw. 0.0, ε = 16.8.

Die Rückführung von Abgas stellt eine Möglichkeit dar, bei konstanter Frischluftmasse den Gasdruck im Zylinder anzuheben.

Die Steigerung der Temperatur vor Einlassventil verursacht ebenfalls eine erhöhte
Temperatur und einen gesteigerten Druck bei konstanter Frischluftmasse im Zylinder.
Die Temperatursteigerung von 308 K auf 348 K , was einer relativen Steigerung von
etwa 13 Prozent entspricht, zeigt sich auch in der gemischbildungsrelevanten Temperatur T_{ZylHEm}, diese ist die mittlere Gastemperatur während des Haupteinspritzintervalls. Hier steigt die Temperatur von ca. 800 auf ca. 900 K. Da bei den Versuchen
mit Abgasrückführung die Abgasrückführrate im Rahmen der Regelgüte konstant
gehalten wurde, verhalten sich bei gleichen Frischluft-Partialdichten die Gasdrücke
p_{ZylHEm} während des Haupteinspritzintervalls ähnlich wie die Temperaturen. Aufgrund
des gewählten Maßstabes ist dies, in **Abbildung 7.6-1**, rechts oben, nicht so deutlich
zu erkennen. Die fehlende Masse an rückgeführtem Abgas erkennt man aber deut-

lich in einem abgesenkten Druckniveau, siehe Kurve „308 K kein AGR" in **Abbildung 7.6-1**, rechts oben.

Ermittelt man das Androsselungspotential, so ergibt sich das folgende Bild, siehe in **Abbildung 7.6- 2**.

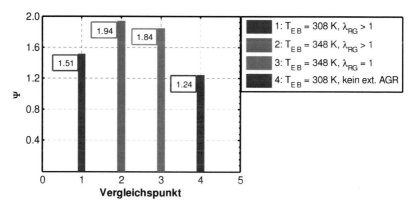

Abbildung 7.6-2: *Androsselungspotential in Abhängigkeit der Temperatur vor Einlassventil; n = 2250 min⁻¹, $m_{Bhyd,HE}$ = 10 mg/Asp, α_{EB} = -21 °KW, Y_{AGR} = 0.20 bzw. 0.0, ε = 16.8.*

Die Steigerung der Temperatur vor Einlassventil führt zu einer Steigerung des Androsselungspotentials, in **Abbildung 7.6-2** von 1.51 auf 1.94. Wird jedoch stöchiometrisches Abgas zurückgeführt, so wie es in einer realen Regenerationsphase des NO_x-Speicherkatalysators der Fall ist, so reduziert sich dieser Gewinn des Androsselungspotentials auf einen Wert von 1.84. Stöchiometrisches Abgas ist theoretisch frei von Restsauerstoff. In der Praxis zeigt sich jedoch aufgrund unvollständiger Umsetzung ein minimaler Restsauerstoffgehalt und die Anwesenheit von Kohlenmonoxid.

Um dieses Phänomen näher zu untersuchen, wurde eine Variation des globalen Luftverhältnisses λ_{global} durchgeführt. Hierzu wurde eine doppelte Nacheinspritzung abgesetzt, wobei die Einspritzmasse der zweiten Nacheinspritzung variiert wurde. Zur Sicherstellung eines guten Umsatzungsgrades der Nacheinspritzung wurde die Temperatur vor Einlassventil auf 381 K angehoben, sowie die Haupteinspritzung näher an den oberen Totpunkt gelegt. Die Frischluftmasse wurde so gewählt, dass sich eine Frischluft-Partialdichte von 0.52 kg/m³ einstellt. Dieser Wert entspricht der kritischen Frischluft-Partialdichte für den Referenzfall, siehe Vergleichspunkt 1 in **Abbildung 7.6-2**. Mit Steigerung der Nacheinspritzmasse steigt der Massenanteil von Kohlenmonoxid im Abgas und damit über die Restgasrate auch im Frischgas. Mit steigendem Massenanteil von Kohlenmonoxid im Frischgas Y^{FG}_{CO} ändert sich das Entflammungsverhalten der Haupteinspritzung, wie in **Abbildung 7.6-3** anhand der integralen Brennverläufe Q_B zu erkennen.

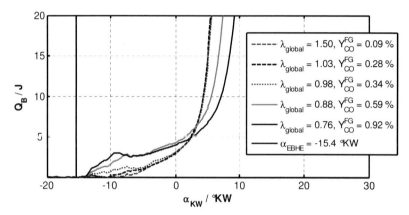

Abbildung 7.6-3: *Entflammungsverhalten in Abhängigkeit des CO-Gehaltes im Frischgas; n = 2250 min^{-1}, $m_{Bhyd,HE}$ = 10 mg/Asp, α_{EBHE} = -15.4 °KW, α_{EBNE1} = 12.5 °KW , α_{EBNE2} = 35.9 °KW ρ_{L1} = 0.52 kg/m^3 ,Y_{AGR} = 0.20 bzw. 0.0, ε = 16.8, T_{EB} = 381 K, T_{ZylHEm} = ca. 1000 K, p_{ZylHEm} = ca. 24 bar, USDK.*

Während die erste Phase der Entflammung nahezu gleich bleibt, setzt mit steigendem Massenanteil von Kohlenmonoxid in der Frischgasladung die zweite Phase der Entflammung mit erhöhter Wärmefreisetzung ein. Dies führt offenbar zu einer größeren lokalen Temperatursteigerung. Lokale Temperatursteigerungen während der Entflammungsphase von Kohlenwasserstoffen nach dem Niedertemperaturmechanismus sind Ursache für den sogenannten „negativen Temperaturkoeffizienten". Dieser beschreibt eine Verlängerung der gesamten Zündverzugsphase bei steigender Temperatur. Dies ist auf den temperaturabhängigen Zerfall wichtiger radikaler Vorläufer, die die Ausgangsbasis des Kettenverzweigungsmechanismusses bilden, zurückzuführen. Bei einer Kettenverzweigungsreaktion werden aus einem Zwischenprodukt zwei aktive Radikale gebildet, wodurch es theoretisch zu einer progressiven Steigerung der aktiven Radikalenkonzentration kommt und das System schließlich thermisch entflammen müsste. Durch den oben beschriebenen Mechanismus wird jedoch die weitere Radikalenproduktion gestoppt [4.2], [4.13]. Das System gelangt daher erst nach sehr langer Zündverzugszeit zur thermischen Entflammung. Dies vollzieht sich dann nach den Mechanismen sogenannter Hochtemperaturoxidation, die allerdings in diesem Temperaturbereich nur sehr geringe Reaktionsraten liefert. Ihr typischer Bereich beginnt ab einer Temperatur von etwa 1100 K [4.13]. Sie profitiert allerdings von der Temperatursteigerung, die den Kettenverzweigungsmechanismus gestoppt hat. Wird nun durch anfänglich erhöhte Wärmefreisetzung die lokale Temperatur stärker gesteigert, so beschleunigt dies den Abbruch der Kettenverzweigung. Der Punkt der thermischen Entflammung liegt dadurch etwas später, wie in **Abbildung 7.6-3** zu erkennen ist. Dies reduziert den positiven Effekt der Temperaturanhebung vor Einlassventil leicht. Der sich ändernde Sauerstoffmassenanteil hat dagegen einen im Rahmen dieser Untersuchungen vernachlässigbar kleinen Einfluss, wie der Vergleich der beiden, mit global magerem Luftverhältnis, ermittelten integralen Brennverläufe, siehe gestrichelte Kurven in **Abbildung 7.6-3,** zeigt.

Das am Anfang von Kapitel 7 vorgestellte Zündmodell gibt diese Verhältnisse gut wieder, wie eine Modellrechnung unter konstanten Randbedingungen zeigt, siehe **Abbildung 7.6-4.**

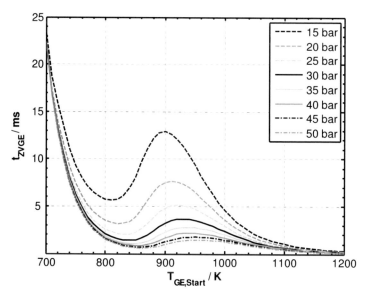

Abbildung 7.6-4: *Stationäre Modellrechnung zur Zündverzugszeit in Abhängigkeit der Anfangstemperatur eines Gemischelementes $T_{GE,Start}$ und dem als konstant angenommenen Systemdruck, $Y_{RG} = 0.25$, λ_{RG} = 1.0, USDK mit CZ = 43, $\lambda_{loc2} = 0.8$.*

Hier erkennt man deutlich den Bereich des negativen Temperaturkoeffizienten im Bereich zwischen 800 und 940 K. Weiterhin zeigt sich in diesem Bereich eine mit abnehmendem Druck drastische Verlängerung der Zündverzugszeit, sowie eine zunehmende Ausprägung dieses sogenannten NTC-Verhaltens. Hier setzt die Wirkung von rückgeführtem Abgas ein, indem es als zusätzliche Gasmasse im Zylinder den Druck erhöht, ohne dass die Luftmasse gesteigert wird. Betrachtet man **Abbildung 7.6-4**, so erscheint eine Anfangstemperatur der zündeinleitenden Gemischelemente von ca. 810 bis 850 K als optimal. Berücksichtigt man die Abkühlung des Umgebungsgases durch die mit der Gemischbildung verbundenen Brennstoffverdampfung, so ergibt sich für die zündeinleitenden Gemischelemente mit dem lokalen Luftverhältnis von 0.6 bis 0.8 eine Abkühlung im Bereich 60 bis 105 K, siehe hierzu **Abbildung 7.6-5**. Hier ist über dem Mischungsbruch die Temperatur der Gemischelemente aufgetragen. Die Berechnung ist mit dem Strahlmodell durchgeführt worden. Ausgangstemperatur sei eine Gastemperatur von 800 K und eine Brennstofftemperatur an der Düse von 418 K. Nach [7.6] liegt das Temperaturniveau mit dem der Brennstoff eingespritzt wird ca. 60 K oberhalb der Zulauftemperatur. Als Zulauftemperatur kann die Materialtemperatur des Injektors angesehen werden, welche im Motorbetrieb in etwa der Kühlwassertemperatur von 358 K entspricht.

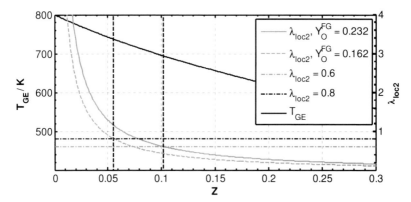

Abbildung 7.6-5: Modellrechnung zur Gemischabkühlung von USDK in Abhängigkeit des Mischungsbruches, λ_{loc2} = 0.6 und 0.8, Gastemperatur = 800 K, Brennstofftemperatur = 418 K.

Das lokale Luftverhältnis ergibt sich in Anhängigkeit des Sauerstoffmassenanteils der Frischladung und damit in Abhängigkeit der Abgasrückführungsrate. In **Abbildung 7.6-5** sind die Verläufe des lokalen Luftverhältnisses für reine Luft, sowie ein Gemisch aus Luft und sauerstofffreiem Restgas mit einem Anteil von 30 Prozent am Gasgemisch dargestellt. Diese Spanne, in **Abbildung 7.6-5** durch die senkrechten gestrichelten Linien dargestellt, markiert in guter Näherung die im Regenerationsbetrieb für den NO_x-Speicherkatalysator auftretenden Extremwerte. Hieraus ergeben sich dann optimale mittlere Gastemperaturen während des Intervalls der ersten Einspritzung von ca. 900 K. Nach der gemischbildungsbedingten Abkühlung liegt die Ausgangstemperatur der zündeinleitenden Gemischelemente nahe dem lokalen Minimum im Zündverzugsdiagramm. Solche Temperaturen erzielt man bei einem Verdichtungsverhältnis von 16.8 in Kombination mit einer Gastemperatur vor Einlassventil von etwa 350 K. Höhere Temperaturen erscheinen erst dann erfolgversprechend, wenn sich dadurch Temperaturen in den Gemischelementen größer 1050 K einstellen. Hierfür wären Gastemperaturen größer 1150 K während des Einspritzintervalls, beziehungsweise Temperaturen vor Einlassventil größer 440 K nötig. Dieses ist in der Praxis jedoch nicht darstellbar, da das Gas beim Durchströmen der Einlasskanäle, deren Wandtemperatur etwas oberhalb der Kühlwassertemperatur von 358 K liegt, stärker auskühlen würde, als bei niedrigerer Einlasstemperatur. Daher kann diese gesteigerte Gastemperatur nicht vollständig bis zum Verdichtungsbeginn im Zylinder erhalten werden und wirkt dann sogar nachteilig. Gezielte Stichversuche haben dies bestätigt.

Die positive Wirkung der Restgasbeimischung kann nicht beliebig weiter gesteigert werden, da insbesondere die Verbrennung der Nacheinspritzmasse problematisch wird. Nach Kapitel 4 produziert ja gerade diese den gewünschten fetten Abgaszustand. Da der NO_x-Speicherkatalysator bevorzugt mit Kohlenmonoxid und Wasserstoff regeneriert, sollte eine möglichst gute Umsetzung des Brennstoffes der Nacheinspritzung erfolgen. **Abbildung 7.6-6** zeigt das Ergebnis einer Variation der externen Abgasrückführrate. Man erkennt hier, dass eine zunehmende Abgasrückführrate sich positiv auf das Entflammungsverhalten der ersten eingespritzten Brennstoffmasse auswirkt, **Abbildung 7.6-6**, links. Die erfolgreichere Umsetzung der Haupteinspritzmasse mit zunehmender Abgasrückführrate begünstigt zunächst auch den Umsetzungsgrad der Nacheinspritzmasse. Mit weiter gesteigerter Abgasrückführrate sinkt aber der Sauerstoffmassenanteil und damit die Temperaturentwicklung in den Reaktionszonen. Dies führt bei der Nacheinspritzung zu einer zunehmend verschleppten Verbrennung, deren Umsetzungsgrad dadurch verringert wird. Fasst man diese Effekte zusammen, so ergibt sich für den gesamten Umsetzungsgrad η_U ein ausgeprägtes Optimum der externen Abgasrückführrate Y_{AGR} im Intervall 20 bis 25 Prozent, siehe hierzu **Abbildung 7.6-6**, rechts.

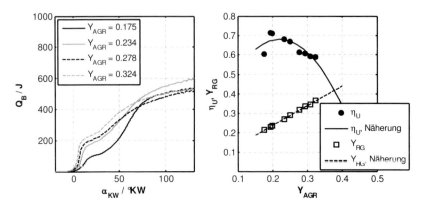

Abbildung 7.6-6: *Variation der externen Abgasrückführrate, links: Integrale Brennverläufe, rechts: Gesamter Umsetzungsgrad und gesamte Restgasrate, n = 2250 min^{-1}, ρ_{L1} = 0.57 kg/m^3, ε = 16.8, EUDK.*

Die gesamte Restgasrate liegt aufgrund der inneren Restgasmasse bei diesem Motor und der gewählten Androsselung bei konstant 4.5 Prozentpunkten über der externen Restgasmasse, so dass sich eine optimale gesamte Restgasrate von rund 25 bis 30 Prozent ergibt. Bei zunehmender Androsselung steigt die innere Restgasrate, so dass hierauf mit der externen Restgasmasse reagiert werden muss. Der präzisen Regelung der Abgasrückführrate kommt daher eine hohe Bedeutung zu, da auf die Umsetzung der Nacheinspritzung, besonders im unteren Teillastbetrieb, der größte Teil der Mitteldruckproduktion fällt, während die vorangegangenen Einspritzungen im Wesentlichen eine Konditionierung des Brennraums bewirken.

Das niedrige Niveau des Umsetzungsgrades des gesamten Hochdruckprozesses, in **Abbildung 7.6-6** gezeigt, mit maximalen Werten von etwas oberhalb von 0.7, ist auf eine Mehrdeutigkeit bei der Bestimmung der umgesetzten Brennstoffmasse zurückzuführen. Bei der Druckverlaufsanalyse wird die momentan verbrennende Brennstoffmasse aus dem Heizwert und der momentanen Wärmefreisetzung berechnet [4.2]. Diese Methode unterstellt stillschweigend einen momentanen Umsetzungsgrad von 1.0. Da die Angabe eines momentan wirksamen Umsetzungsgrades sehr schwierig ist, wurde die in [4.2] angegebene Methode beibehalten. Man kann daher nicht zwischen dem momentanen Verbrennen einer kleineren Brennstoffmasse mit hohem oder einer größeren mit geringem Umsetzungsgrad unterscheiden.

Der Fehler, der sich daraus ergibt, macht sich erst im Laufe der Verbrennung der Nacheinspritzmenge bemerkbar und ist daher für die Ereignisse zu Beginn der Entflammung und die Zündverzugsdiskussion nicht relevant. Ebenso ist dies nicht für die Lage des Umsetzungsgrad-Maximums in Abhängigkeit der Restgasrate von Bedeutung, siehe **Abbildung 7.6-6**.

7.7 Zusammenfassung der Motorversuche im Teillastbetrieb

In diesem Kapitel wurden gezielte Motorversuche zur Darstellung und Erweiterung des unteren Teillastbetriebs durchgeführt. Wie in Kapitel 4 dargelegt, ist in diesem Betriebsbereich eine starke einlassseitige Androsselung erforderlich. Die kritische Größe ist hierbei die Stabilität des Brennverfahrens, insbesondere die sichere Entflammung der zuerst eingespritzten Brennstoffmasse. Diese ist für den weiteren Prozessablauf von entscheidender Bedeutung.

Daher wurden am Motorprüfstand Drosselversuche durchgeführt, bis das Brennverfahren an seine Stabilitätsgrenze kam. Als unabhängige Variable diente die Frischluft-Partialdichte, das ist die auf das Einzelhubvolumen bezogene Frischluftmasse. Das Verwenden dieser Größe als unabhängige Variable macht die Aussagen von der Motorgröße unabhängig.

Anhand von modellbasierten Zündverzugsuntersuchungen konnte der Einspritzbeginn im Vorfeld festgelegt werden, wodurch der Versuchsaufwand erheblich eingegrenzt wurde.

Wesentliches Kriterium für die Stabilitätsgrenze des Brennverfahrens ist dabei der Umsetzungsgrad der Verbrennung der zuerst eingespritzten Brennstoffmasse. Dieser zeigt beim Erreichen der Stabilitätsgrenze einen steilen Abfall.

Zur Bewertung und zum Vergleich der verschiedenen Einflussgrößen wurde das Androsselungspotential definiert. Je größer dessen Zahlenwert ist, desto stärker lässt sich der Motor androsseln und umso kleiner sind grundsätzlich die im fetten Motorbetrieb darstellbaren indizierten Mitteldrücke.

Die wichtigsten Einflussgrößen, die ein hohes Androsselungspotential erzielen, sind das Verdichtungsverhältnis und die Cetanzahl des verwendeten Brennstoffs.

Weiterhin ist ein Temperaturniveau vor Einlassventil von ca. 70 bis 80 °C optimal und steigert das Androsselungspotential wesentlich.

Die Einleitung von rückgeführtem Abgas zeigt ebenfalls ein ausgeprägtes Optimum bei einem totalen Restgasmassenanteil von etwa 25 bis 30 Prozent. Die Restgasbeigabe trägt wesentlich zur Erhöhung des Androsselungspotentials bei, ist aber nach oben hin durch mangelnde Restgasverträglichkeit der Verbrennung der Nacheinspritzmenge begrenzt.

Eine abgesenkte Motordrehzahl bringt ebenfalls eine Erhöhung des Androsselungspotentials mit sich, wenngleich der Einfluss nicht so groß ist, wie bei den vorher genannten Punkten.

Von untergeordnetem Einfluss auf das Androsselungspotential erscheint der hydraulische Durchfluss der Einspritzdüsen. Wird dieser kleiner, zeigt sich lediglich ein sanfterer Abfall des Umsetzungsgrades, wenn das Brennverfahren an seine Stabilitätsgrenze kommt.

Diese Ergebnisse wurden über eine Druckverlaufsanalyse in Kombination mit dem in Kapitel 6 beschriebenen thermodynamischen Einspritzstrahlmodell gewonnen. Hierbei konnten die Brennstoffverdampfung und die Vorentflammungsvorgänge detailliert beobachtet werden.

Hier zeigt sich, dass bei allen durchgeführten Androsselversuchen die Brennstoffverdampfung, wie auch die erste Phase der Entflammung, ein stets unkritischer Teilprozess in der Gemischbildungskette ist. Eine eingeschränkte Brennstoffverdampfung, aufgrund des mit zunehmender Androsselung schlechter werdenden Strahlaufbruches, konnte nicht festgestellt werden. Der sich mit der Androsselung am deutlichsten verschleppende Teilprozess ist die zweite Phase des mehrstufigen Entflammungsprozesses. Dies ist der Bereich der sogenannten kalten Flammen mit seinem druckabhängigem NTC-Verhalten. Das Ende dieses Entflammungsbereiches ist der Punkt der thermischen Entflammung. Für eine gerade noch stabile Verbrennung der zuerst eingespritzten Brennstoffmasse kann daher empfohlen werden, dass die thermische Entflammung spätestens 5 Grad Kurbelwinkel nach dem oberen Totpunkt einsetzen muss.

Im konkreten Anwendungsfall der NO_x-Speicherkatalysator-Regeneration wird im Allgemeinen zusätzlich zur Haupt- und Nacheinspritzung aus Geräuschgründen noch mindestens eine Voreinspritzung abgesetzt. Mit den hier diskutierten Maßnahmen lässt sich eine deutliche Verbesserung der Laufruhe erzielen, wie dies in *Abbildung*

7.7-1 gezeigt ist. Rechts im Bild sind die Messwerte der Standardabweichung des Hochdruckprozess-Mitteldruckes $\sigma_{pmi, \, HDP}$ aus Kapitel 2, gemäß der dort gezeigten Abbildung 2.5-1, noch einmal für die Drehzahl 2250 min^{-1} aufgegriffen und über dem Mitteldruck des Hochdruckprozesses $p_{mi,HDP}$ aufgetragen. Zusätzlich ist der gleiche Punkt mit den Maßnahmen Einlasstemperaturerhöhung auf hier 367 K und Optimierung der Restgasrate eingetragen.

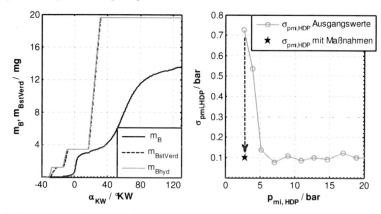

Abbildung 7.7-1: *Regeneration im Schwachlastfall, stationärer Betriebspunkt, links: Brennstoffmassen: Eingespritzt, verdampft und nominell verbrannt, rechts: Standardabweichung des Hochdruckprozess-Mitteldruckes, Ausgangswerte und Verbesserung. Betriebsdaten: n = 2250 min^{-1}, Y_{AGR} = 0.205, Y_{RG} = 0.250, ρ_{L1} = 0.57 kg/m^3, T_{EB} = 367 K, ε = 16.8, λ_{global} = 0.95, USDK, $p_{mi,HDP}$ = 2.9 bar, p_{mi} = 2.5 bar, Rauchzahl = 0.49.*

Es ergibt sich ein sehr guter Wert für die Standardabweichung des Hochdruckprozess-Mitteldruckes von nur 0.1 bar gegenüber ca. 0.7 bar im Ausgangspunkt. Dies stellt eine deutliche Verbesserung dar. Somit konnte ein indizierter Mitteldruck für den Hochdruckprozess von 2.9 bar fahrzeugtauglich dargestellt werden. Bezieht man den Ladungswechsel mit ein, so ergibt sich für den Gesamtprozess ein indizierter Mitteldruck von 2.5 bar. Mit einem Verdichtungsverhältnis von 16.8 und einem Brennstoff der Cetanzahl 43 stellt dieser Wert bei 2250 min^{-1} die untere Mitteldruckgrenze dar. In **Abbildung 7.7-1**, links sind die eingespritzte verdampfte und nominell verbrannte Brennstoffmasse dargestellt. Man erkennt, dass der verdampfte Brennstoff sehr gut dem Einspritzverlauf folgt, während die Verbrennung stark davon abweicht. Dass der integrale Brennverlauf nicht das Niveau der eingespritzten und verdampften Brennstoffmasse erreicht, liegt an dem in Kapitel 7.6 beschriebenen Umstand.

8. Zusammenfassung und Ausblick

Der NO_x-Speicherkatalysator ist ein wirkungsvolles Mittel um den Stickoxidausstoß von Dieselmotoren zu verringern. Oberhalb eines gewissen Stickoxid-Beladungsgrades muss dieser mittels fetten Motorabgases regeneriert werden. Hierzu wird der Dieselmotor mit einen globalem Luftverhältnis kleiner 1 betrieben.

Die Darstellung eines stationären Betriebs mit einem Luftverhältnis kleiner 1 stellt für das heterogene, kompressionsgezündete Brennverfahren eines Dieselmotors mit Direkteinspritzung eine besondere Herausforderung dar.

Eine Analyse von bereits in Serie befindlichen Motoren ergab, dass bei kleinen indizierten Mitteldrücken die Laufruhe ein Problem darstellt, während es bei hohen Lasten die Russemission ist.

Mittels Fahrzyklus-Simulationen konnte gezeigt werden, dass insbesondere der untere Teillastbetrieb für den realen Fahrbetrieb sehr relevant ist.

Im Rahmen dieser Arbeit wurde in einem theoretischen Teil anhand von verbrennungstechnischen Überlegungen gezeigt, dass ein fetter Motorbetrieb durch Aufteilung der Einspritzung und Verbrennung in mindestens zwei Teile, mit entsprechender Einspritzmassenaufteilung, mit geringer Rußemission darstellbar ist. Daher wurde ein Vergleichsprozess mit zweifacher Gleichraumverbrennung definiert, bei dem die erste überstöchiometrische Verbrennung im oberen Totpunkt, die zweite Verbrennung, die zum fetten Verbrennungsgaszustand führt, im Expansionshub stattfindet. Der Gleichraumprozess wurde als Vergleichsprozess gewählt, da bei diesem die Verbrennung bei einer bestimmten Kurbelwinkelstellung theoretisch unendlich schnell abläuft, was die theoretische Behandlung vereinfacht.

Mittels dieses Prozesses wurden wichtige Merkmale eines unterstöchiometrischen Dieselprozesses anhand von Parameterstudien herausgearbeitet. Die Vergleichsprozessrechnungen wurden mittels eines eigens hierfür erstellten Simulationsprogramms unter der Verwendung realer Verbrennungsgas-Zusammensetzungen nach dem OHC-Gleichgewicht durchgeführt. Ein Vergleich mit Hochdruckprozessdaten des realen Motors zeigt, dass diese Vorgehensweise legitim ist.

Die wesentlichen Ergebnisse dieser Parameterstudien sind, dass man im unterstöchiometrischen Betrieb aufgrund des nahe bei einem Luftverhältnis von 1 liegenden globalen Luftverhältnisses und der Splittung der Verbrennung mit hohen Abgastemperaturen konfrontiert wird. Weiterhin kann die für den Dieselmotor typische Qualitätsregelung des Lastzustandes nicht aufrechterhalten werden. Da das Luftverhältnis nur in engen Grenzen variieren darf, ist eine simultane Verstellung von Luftmasse und Einspritzmasse nötig. Aufgrund dieser Tatsache ist für die Darstellung kleiner indizierter Mitteldrücke eine sehr starke Androsselung der Frischluft nicht zu vermeiden. Dies bewirkt geringe Gasdrücke und Gasdichten in der Nähe des oberen Totpunktes, was die Gemischbildung und Zündeinleitung sehr beeinträchtigt.

Aus den Vergleichsprozessuntersuchungen und den verbrennungstechnischen Modellrechnungen ergibt sich, dass rückgeführtes Abgas in dieser Beziehung eine gewisse Schlüsselrolle einnimmt: Es senkt als zusätzliche Gasmasse, die in den Arbeitsprozess involviert ist, die Abgastemperatur, es hebt den Gasdruck und die Gasdichte im Zylinder während der Gemischbildungsphase an und es beeinflusst das Luftverhältnis und die Temperatur im Zylinder in einer für die Rußbildung der zweiten Verbrennung günstigen Art und Weise.

Aufgrund dieser mit der Androsselung verbundenen Zündungs- und Gemischbildungsproblematik ist der Teillastbereich nach unten hin begrenzt.

Wegen der hohen Relevanz des unteren Teillastbereiches liegt in dem zweiten, experimentellen Teil dieser Arbeit der Schwerpunkt auf der Analyse des Gemischbildungs- und Zündverhaltens bei starker luftseitiger Androsselung.

Zunächst wurden daher umfangreiche Messungen an einer optischen Einspritzstrahlkammer durchgeführt, um den Einspritzvorgang bei geringen Gasdichten mit unterschiedlichen Brennstoffen und Düsendurchflüssen zu untersuchen. Mit den Ergebnissen wurde ein thermodynamisches Zwei-Phasen-Einspritzstrahlmodell abgeglichen, welches anschließend in die Druckverlaufsanalyse des Versuchsmotors eingebunden wurde. Die beiden untersuchten Brennstoffe, Europa- und US-typischer Dieselkraftstoff, wurden hierfür als Ein-Fluid-Approximation modelliert.

Hierdurch konnten auf Basis der im Motorzylinder herrschenden Gaszustände die Eindringtiefen von flüssiger und gasförmiger Phase des Einspritzstrahls, sowie die Brennstoffverdampfungsrate und der Wandbenetzungsmassenstrom ermittelt und in die Druckverlaufsanalyse einbezogen werden. Diese Vorgehensweise gestattet die getrennte Betrachtung von Verdampfungs- und Reaktionsprozessen.

Hierbei zeigte sich, dass sich die Brennstoffverdampfungsphase bei starker Androsselung zwar verlängert, aber in Relation zum gesamten Zündverzug kurz bleibt und nicht als kritischer Teilprozess der Gemischbildungskette zu bewerten ist. Der sich bei starker Androsselung einstellende lange Zündverzug ist im Wesentlichen auf die zeitlich sehr weit ausgedehnte zweite Phase der mehrstufigen Niedertemperatur-Entflammung zurückzuführen. Der Endpunkt dieser Phase wurde in dieser Arbeit als Punkt der thermischen Entflammung bezeichnet. Ist dieser Punkt bis etwa 5 Grad KW nach dem oberen Totpunkt nicht erreicht, so findet keine thermische Entflammung mehr statt und das Brennverfahren bricht zusammen. Es existiert aber noch ein weiteres Stabilitätskriterium: Mit zunehmender Androsselung sinkt die Sauerstoffkonzentration in der sogenannten Hauptgemischzone, so dass unterhalb eines kritischen Wertes keine schnelle Brennstoffumsetzung mehr gewährleistet ist. Die Sauerstoffkonzentration ist bei fetten Gemischzuständen die Umsatzraten bestimmende Konzentration. Als Grenzwert wurde hier ein Wert von 50 bis 60 mol je Kubikmeter ermittelt, unterhalb derer das Brennverfahren nicht mehr stabil bleibt, obwohl der Punkt der thermischen Entflammung frühzeitig eingesetzt hat.

Es wurden daher verschiedene Maßnahmen untersucht, um die mögliche Androsselung zu steigern. Zur besseren Vergleichbarkeit und zur Quantifizierung wurde das Androsselungspotential definiert. Je mehr sich die Zahlenwerte oberhalb von 1.0 befinden, desto stärker lässt sich der Motor bei noch stabilem Brennverfahren androsseln.

Zu einem hohen Androsselungspotential führen in erster Linie ein hohes Verdichtungsverhältnis und ein Brennstoff mit hoher Cetanzahl. Weiterhin wird das Androsselungspotential durch eine Anhebung der Gastemperatur vor Einlassventil auf 70 bis 80 °C deutlich gesteigert. Auch eine Drehzahlabsenkung führt zu einem höheren Androsselungspotential. Der derzeit im Automobilbau zu beobachtende Trend zur Drehzahlabsenkung in Kombination mit längerer Gesamtübersetzung und Lastanhebung, meist als „Downspeeding" bezeichnet, bringt daher auch für die NO_x-Speicherkatalysator-Regeneration Vorteile.

Die Beimischung von Restgas zur Frischluft wirkt sich positiv auf das Androsselungspotential aus, da hierdurch bei gleichbleibender Frischluftmasse das Druckniveau im Zylinder angehoben wird, was die Vorreaktionsprozesse beschleunigt und das NTC-Verhalten des mehrstufigen Entflammungsprozess mindert.

Ein zu hoher Restgasanteil wirkt sich jedoch nachteilig auf den Umsetzungsgrad der Verbrennung der Nacheinspritzmenge aus. Deren Umsetzung ist jedoch von entscheidender Bedeutung, da sie die für die NO_x-Speicherkatalysator-Regeneration nötigen Komponenten, Kohlenmonoxid und Wasserstoff, liefert. Im Rahmen dieser Arbeit hat sich gezeigt, dass ein totaler Restgasmassenanteil von 25 bis 30 Prozent optimal ist. Hier besteht allerdings noch weiterer Forschungsbedarf, ob ein mischungsintensiverer Brennraum Vorteile hinsichtlich der Restgasverträglichkeit der Verbrennung der Nacheinspritzung bietet: Aufgrund des Kolbenrückganges wird der Brennraum schnell um ein Vielfaches vergrößert und es kann angenommen werden, dass sich bis zum Beginn der Nacheinspritzung die Ladung näherungsweise homogenisiert hat. Bei einer weiteren, spät gelegenen Einspritzung erreichen die Einspritzstrahlen allerdings nur einen scheibenförmigen Raum unterhalb des Zylinderkopfes, aber keinesfalls den gesamten Brennraum, in dem sich die noch verfügbare Sauerstoffmasse annähernd gleichverteilt befindet. Hierdurch käme es schnell zu einem Sauerstoffmangel innerhalb einer Zone unterhalb des Zylinderkopfes, was eine weitere Brennstoffumsetzung erschwert. Ein Brennraum mit größerem Quetschflächenanteil und Einspritzstrahlen, die einen kleineren Winkel zur Zylinderhochachse aufweisen, könnte hier Vorteile bringen. Eine höhere mögliche Restgasrate würde ein höheres Androsselungspotential ermöglichen, sofern nicht unkontrollierte Selbstentzündungen durch den ansteigenden Kohlenmonoxid- und Wasserstoff-Anteil auftreten.

Weiterer Untersuchungsbedarf besteht aber auch bei der Druckverlaufsanalyse bezüglich der umgesetzten Brennstoffmasse: Die übliche Methode ist die, dass in jedem Berechnungsschritt die jeweils umgesetzte Brennstoffmasse mit dem Heizwert aus der momentanen Wärmefreisetzung berechnet wird [4.2]. Dies funktioniert im überstöchiometrischen Bereich, wo stets von einem momentanen Umsetzungsgrad von 1.0 ausgegangen werden kann, sehr gut. Bei einem heterogenen Verbrennungsverfahren mit dem Ziel am Ende einen unterstöchiometrischen Zustand zu bekommen, ergibt sich eine Mehrdeutigkeit: Es kann anhand der momentanen Wärmefreisetzung nicht unterschieden werden, ob eine kleinere Brennstoffmasse vollständig reagiert oder eine größere unvollständig. Dies bringt eine Unsicherheit bei der Bestimmung des momentanen Luftverhältnisses und damit der Bestimmung der Stoffwerte mit sich. Das momentane Luftverhältnis des Verbrennungsgases wird daher im späteren Berechnungsverlauf zu mager berechnet. Diese Schwierigkeit ließe sich vermeiden, wenn ein momentan wirksamer Umsetzungsgrad angegeben werden könnte. Erste Untersuchungen mittels empirischer Ansätze scheinen erfolgversprechend, würden aber den Rahmen dieser Arbeit sprengen.

Anhang A

Erweiterter Gleichraumprozess

Die Diskussionsgrundlage für den fetten Motorbetrieb in Kapitel 4.3 ist der erweiterte Gleichraumprozess, wie ihn **Abbildung 4.3-2** zeigt. Die Behandlung dieses Prozesses benötigt gegenüber dem allgemein bekannten Gleichraumprozess, der mit einer Verbrennung arbeitet, noch die Bereitstellung weiterer Prozessparameter. Dies ist der schon erwähnte Aufteilungsparameter β für die Einspritzmasse. Er gibt an, welcher Anteil der gesamten Brennstoffmasse m_{B4} auf die erste Verbrennung entfällt. Dieser Punkt ist in den p-V- und in den T-V-Diagrammen mit einer 3 gekennzeichnet, d.h. m_{B3} bezeichnet die bis zum Punkt 3 umgesetzte Brennstoffmasse.

$$\beta := \frac{m_{B3}}{m_{B4}} \qquad \text{Gl. A1}$$

Ein weiterer entscheidender Parameter ist die relative Kolbenposition $X_{3'}$, bei der die zweite Wärmefreisetzung stattfindet. In Gleichung A2 ist V_h das Hubvolumen, $V_{3'h}$ das vom Kolben freigegebene Volumen bei der zweiten Wärmefreisetzung, sowie $x_{3'}$ der zu $V_{3'h}$ gehörige Kolbenhub. Die Größe H bezeichnet den maximalen Kolbenhub.

$$X_{3'} := \frac{V_{3'h}}{V_h} = \frac{x_{3'}}{H} \qquad \text{Gl. A2}$$

A.1 Luftverhältnisse und bezogene Brennstoffmassen

Durch die Beimischung von Restgas, wird nicht nur reine Luft verdichtet, sondern ein Gas, das sich ebenfalls über ein Luftverhältnis λ_1 zu Verdichtungsbeginn im Punkt 1 charakterisieren lässt.

$$\lambda_1 = \frac{m_{Luft} + L}{B \cdot l_{min}} \qquad \text{Gl. A3}$$

Die Größen B und L sind dabei der Brennstoff und die Luft, die zur „Herstellung" der betrachteten Restgasmasse m_{RG} erforderlich waren [4.1]. Die Restgasmasse setzt sich aus innerer und äußerer rückgeführter Abgasmasse zusammen.

Da stationäre Verhältnisse betrachtet werden, ist λ_{RG} gleich λ_4. Für B und L gelten die folgenden Beziehungen, wobei l_{min} der Mindestluftbedarf ist:

$$B = \frac{m_{RG}}{1 + \lambda_{RG} \cdot l_{min}} \quad \text{und} \quad L = m_{RG} \cdot \frac{\lambda_{RG} \cdot l_{min}}{1 + \lambda_{RG} \cdot l_{min}} . \qquad \text{Gl. A4, Gl. A5}$$

Bezieht man sich auf die Restgasmasse, so ergibt sich der Massenanteil innerhalb einer Restgasmasse, der dem Brennstoff bzw. der Luft entstammt zu:

$$Y_{Bst}^{RG} = \frac{1}{1 + \lambda_{RG} \cdot l_{min}} \quad \text{bzw.} \quad Y_{Luft}^{RG} = \frac{\lambda_{RG} \cdot l_{min}}{1 + \lambda_{RG} \cdot l_{min}} . \qquad \text{Gl. A6, Gl. A7}$$

Dies gilt für eine Verbrennungsgasmasse allgemein. Unter Verwendung der Definition der Restgasrate Y_{RG} und der gesamten Frischgasmasse m_{FG}, siehe Gleichung A8,

$$Y_{RG} := \frac{m_{RG}}{m_{Luft} + m_{RG}} = \frac{m_{RG}}{m_{FG}} \qquad \text{Gl. A8}$$

ergibt sich für das Startluftverhältnis λ_1 die Gleichung A9:

$$\lambda_1 = \frac{\dfrac{m_{Luft}}{m_{FG}} + \dfrac{m_{RG}}{m_{FG}} \cdot Y_{Luft}^{RG}}{\dfrac{m_{RG}}{m_{FG}} \cdot Y_{Bst}^{RG} \cdot l_{min}} = \frac{(1 - Y_{RG}) + Y_{RG} \cdot Y_{Luft}^{RG}}{Y_{RG} \cdot Y_{Bst}^{RG} \cdot l_{min}} . \qquad \text{Gl. A9}$$

Das Luftverhältnis λ_1 bleibt bis zum Verdichtungsende am Punkt 2 erhalten, es gilt λ_1 gleich λ_2 und ändert sich dann durch Verbrennung der ersten Brennstoffmasse m_{B3} auf den Wert λ_3. Bei den Luftverhältnissen der Zylinderinnenzustände braucht nicht zwischen Zylinderluftverhältnis und Luftverhältnis des Verbrennungsgases unterschieden werden, da eingespritzter unverbrannter Brennstoff hier nicht auftaucht.

$$\lambda_3 = \frac{(1 - Y_{RG}) + Y_{RG} \cdot Y_{Luft}^{RG}}{\left(Y_{RG} \cdot Y_{Bst}^{RG} + \dfrac{m_{B3}}{m_{FG}} \right) \cdot l_{min}} \qquad \text{Gl. A10}$$

An der Stelle 3' startet die Verbrennung der zweiten Brennstoffmasse, so dass sich bei Verbrennungsende an der Stelle 3'' das Luftverhältnis $\lambda_{3''}$ einstellt.

Dieses ist gleich dem Luftverhältnis λ_4 bei Prozessende, siehe Gleichung A11,

$$\lambda_4 = \frac{(1 - Y_{RG}) + Y_{RG} \cdot Y_{Luft}^{RG}}{\left(Y_{RG} \cdot Y_{Bst}^{RG} + \dfrac{m_{B4}}{m_{FG}} \right) \cdot l_{min}}.$$ Gl. A11

Da λ_4 aber als Prozessziel vorgegeben wird, ist Gleichung A11 nach dem Gesamt-brennstoff-Frischgasverhältnis m_{B4} / m_{FG} aufzulösen:

$$\frac{m_{B4}}{m_{FG}} = \frac{(1 - Y_{RG}) + Y_{RG} \cdot Y_{Luft}^{RG}}{\lambda_4 \cdot l_{min}} - Y_{RG} \cdot Y_{Bst}^{RG}.$$ Gl. A12

Die auf die Frischgasmasse bezogene Brennstoffmasse m_{B3} / m_{FG} kann über den in Gleichung A1 definierten Anteilsfaktor β ausgedrückt werden:

$$\frac{m_{B3}}{m_{FG}} = \beta \cdot \frac{m_{B4}}{m_{FG}}.$$ Gl. A13

Die von 3' nach 3'' zugeführte bezogene Brennstoffmasse $m_{B3'3''} / m_{FG}$ ergibt sich dann zu:

$$\frac{m_{B3'3''}}{m_{FG}} = \frac{m_{B4}}{m_{FG}} \cdot (1 - \beta).$$ Gl. A14

Das Verhältnis m_{B4} / m_{FG} erhält man aus der Vorgabe von λ_4 und der Restgasrate Y_{RG} über Gleichung A12.

A.2 Zustandsänderungen und Zustandsgrößen

Der Prozess des vollkommenen Motors mit erweitertem Gleichraumprozess läuft wie folgt ab:

1 → 2 Isentrope Verdichtung; 2 → 3 Isochore erste Verbrennung; 3 → 3' Isentrope Expansion mit λ größer gleich eins; 3' → 3'' Isochore zweite Verbrennung; 3'' → 4 Isentrope Expansion mit λ kleiner 1.

Bei der Berechnung der Prozessgrößen wird von einem idealen Gasgemisch ausge-gangen. Eine isentrope Zustandsänderung bedeutet eine Zustandsänderung mit konstanter Entropie S. Die Entropie S^{id} eines idealen Gasgemisches berechnet sich nach [4.3] in Abhängigkeit von Temperatur und Druck zu:

$$S^{id}(T,p) = \sum_i m_i \left(\underbrace{s_{0,i} + \int_{T_0}^{T} \frac{c_{p,i}^0(\tilde{T})}{\tilde{T}} d\tilde{T} - R_i \cdot \ln x_i}_{=s_i^0(T)} - R_i \ln \frac{p}{p_0} \right).$$

Gl. A15

Die Stoffmengenanteile x_i der einzelnen Gaskomponenten ergeben sich aus der druck- und temperaturabhängigen Gaszusammensetzung nach dem OHC-Gleichgewicht, siehe auch Kapitel 4.2. Der Index i unter dem Summenzeichen besagt, dass über alle Komponenten summiert werden soll. Die ersten beiden Summanden in Gleichung A15 stellt die spezifische Entropie $s_i^0(T)$ beim Standarddruck p_0 für die Komponente i dar.

Für motorische Anwendungen ist es praktischer, wenn die Entropie als Funktion von Temperatur und Volumen vorliegt. Ausgehend von Gl. A15 gewinnt man durch Umformungen Gleichung A16:

$$S^{id}(T,V) = \sum_i m_i \left(\underbrace{s_{0,i} + \int_{T_0}^{T} \frac{c_{v,i}^0(\tilde{T})}{\tilde{T}} d\tilde{T} - R_i \cdot \ln x_i}_{=s_i^{v0}(T)} + R_i \ln\left(\frac{v}{v_0} \frac{M}{M_0} \right) \right).$$

Gl. A16

Die spezifische Entropie s^{id} gewinnt man indem man S^{id} auf die gesamte Masse des betrachteten Systems bezieht:

$$s^{id}(T,v) = \sum_i Y_i s_i^{v0}(T) - \sum_i Y_i R_i \cdot \ln x_i + \ln\left(\frac{v}{v_0} \frac{M}{M_0} \right) \cdot \sum_i Y_i R_i .$$

Gl. A17

Die letzte Summe in Gleichung A17 ist die individuelle Gaskonstante des Gasgemisches, es gilt mit den Massenanteilen Y_i:

$$R = \sum_i Y_i R_i = \frac{R_m}{M} .$$

Gl. A18

Hier ist M die Molmasse des Gasgemisches. Es ergibt sich so die Gleichung 19 für die spezifische Entropie $s^{id}(T,v)$ in Abhängigkeit von der Temperatur und dem spezifischen Volumen:

$$s^{id}(T,v) = \sum_i Y_i \left(\underbrace{s_{0,i} + \int_{T_0}^{T} \frac{c_{v,i}^0(\tilde{T})}{\tilde{T}} d\tilde{T}}_{= s_i^{v0}(T)} - R_i \cdot \ln x_i + R_i \ln\left(\frac{v}{v_0} \frac{M}{M_0} \right) \right).$$ Gl. A19

Analog zu Gleichung A15 stellen die ersten beiden Summanden in Gleichung A19 die spezifische Entropie $s_i^{v0}(T)$ beim spezifischen Standardvolumen v_0 für die Komponente i dar:

$$s_i^{v0}(T,v_0) = s_{0,i} + \int_{T_0}^{T} \frac{c_{v,i}^0(\tilde{T})}{\tilde{T}} d\tilde{T}.$$ Gl. A20

Das Produkt $v_0 M_0$ lässt sich über die ideale Gasgleichung mit dem Standarddruck p_0 der Standardtemperatur T_0 und der universellen Gaskonstante R_m berechnen. Gleichung A19 lässt sich daher auch folgendermaßen schreiben:

$$s^{id}(T,v) = \sum_i Y_i s_i^{v0}(T) - \frac{R_m}{M} \sum_i x_i \ln x_i + \frac{R_m}{M} \ln\left(\frac{v}{v_0} \frac{M}{M_0} \right).$$ Gl. A21

Durch die Einführung der Größen $s^{v0}(T)$ und $\Delta^M s$ nimmt Gleichung A21 folgende Gestalt an:

$$s^{id}(T,v) = \left[s^{v0}(T) - \Delta^M s \right] + \frac{R_m}{M} \ln\left(\frac{v}{v_0} \frac{M}{M_0} \right).$$ Gl. A22

In Gleichung A22 ist der Term,

$$s^{v0}(T) = \sum_i Y_i s_i^{v0}(T),$$ Gl. A23

die nur von der Temperatur abhängige spezifische Entropie des Gasgemisches beim spezifischen Standardvolumen und der Term,

$$\Delta^M s = \frac{R_m}{M} \sum_i x_i \ln x_i,$$ Gl. A24

die spezifische Mischungsentropie.

Die Entropieausdrücke in der eckigen Klammer in Gleichung A22 berechnen sich über die Entropien der Einzelkomponenten aus den NASA-Polynomen. Die Gaszusammensetzung gewinnt man aus dem OHC-Gleichgewicht, wie bereits in Kapitel 4.2 geschildert. Auf dieser Basis lassen sich die kalorischen Zustandsgrößen in Abhängigkeit von Druck, Luftverhältnis und Temperatur berechnen und als Datenbank ablegen. Bei bekanntem Zustand des Punktes 1, lässt sich so der Sollzustand für die Bedingung ds = 0 im Punkt 2 berechnen. Hierzu wird Gleichung A22 sowohl für den Zustand 1 als auch für den Zustand 2 formuliert, gleichgesetzt und nach dem Entropieausdruck für den Zustand 2 aufgelöst, siehe Gleichung A25:

$$\left[s^{v0}(T_2) - \Delta^M s_2 \right] = \frac{R_m}{M_2} \ln\left(\frac{v_2}{v_0} \frac{M_2}{M_0} \right) - \frac{R_m}{M_1} \ln\left(\frac{v_1}{v_0} \frac{M_1}{M_0} \right) - \left[s^{v0}(T_1) - \Delta^M s_1 \right].$$ Gl. A25

Da sich das spezifische Volumen v_2 in Punkt 2 auc dom Verdichtungsverhältnils ε und dem spezifischen Volumen v_1 ergibt, ist die rechte Seite in Gleichung A25 vollständig bestimmt. Die Temperatur T_2 im Punkt 2 findet man dann per Interpolation durch den umgekehrten Funktionszusammenhang, siehe Gleichung A26 aus den Datenbanken. Da diese den Druck, das Luftverhältnis und die Gastemperatur als Eingangsgröße benötigen, wird T_2 iterativ bestimmt:

$$T_2 = f\left(\left[s^{v0}(T_2) - \Delta^M s_2 \right] \right).$$ Gl. A26

Nach jedem Rechendurchlauf wird der Gasdruck p_2 im Zielpunkt 2 aus der idealen Gasgleichung, Gleichung A27, berechnet und dann erneut über Gleichung A25 und A26 die Temperatur T_2 bestimmt:

$$p_2 = \frac{R_m}{M_2} \cdot \frac{T_2}{v_2}.$$ Gl. A27

Das Verfahren iteriert sehr schnell, so dass meist sich schon nach 3 bis 4 Durchläufen der Wert nicht mehr ändert.

Analog zu dieser Verdichtung entlang der Isentropen von Zustand 1 nach Zustand 2 werden die isentropen Expansionen für die Etappen von Zustand 3 nach Zustand 3' und von Zustand 3'' nach Zustand 4 berechnet. Um die Zustandsänderungen durch die Verbrennung zu berechnen, wird der erste Hauptsatz der Thermodynamik für ein geschlossenes System unter Verwendung von absoluten inneren Energien aufgestellt, siehe Gleichung 28:

$$m_3 u_3 = m_2 u_2 + m_{B3} \cdot h_{Bst,Liq,abs} \, .$$ Gl. A28

Die spezifischen inneren Energien u_2 und u_3 sind vom Druck, Luftverhältnis und der Temperatur im Punkt 2 bzw. Punkt 3 abhängig. Obwohl das Gas als ideales Gas behandelt wird, womit die inneren spezifischen Energien im Grunde vom Druck unabhängig wären, muss hier eine Druckabhängigkeit berücksichtigt werden. Diese ergibt sich daraus, dass u_2 und u_3 spezifische innere Energien eines Gasgemisches sind, welches sich aus den druckabhängigen Gleichgewichtszuständen des OHC-Gleichgewichtes ergibt. Mit der Massenbilanz, Gleichung A29 und Gleichung A13, ergibt sich die innere Energie im Punkt 3 über die Gleichung A30:

$$m_3 = m_2 + m_{B3} = m_{FG} + m_{B3} \, , \quad u_3 = \frac{u_2 + \beta \cdot \dfrac{m_{B4}}{m_{FG}} h_{Bst,Liq,abs}}{1 + \beta \cdot \dfrac{m_{B4}}{m_{FG}}} \, .$$ Gl. A29, Gl. A30

Für die Verbrennungsetappe von Punkt 3' nach Punkt 3'' lassen sich analoge Überlegungen anstellen. Hier liefert der erste Hauptsatz der Thermodynamik unter Berücksichtigung der Massenbilanz:

$$u_{3''} \cdot (m_{FG} + m_{B4}) = u_{3'} \cdot (m_{FG} + m_{B3}) + m_{B3'3''} \cdot h_{Bst,Liq,abs} \, .$$ Gl. A31

Mit Gleichung A14 gewinnt man aus Gleichung A31 die folgende Beziehung für die innere Energie $u_{3''}$ im Punkt 3'':

$$u_{3''} = \frac{u_{3'} \cdot \left(1 + \beta \cdot \dfrac{m_{B4}}{m_{FG}}\right) + (1 - \beta) \cdot \dfrac{m_{B4}}{m_{FG}} h_{Bst,Liq,abs}}{1 + \dfrac{m_{B4}}{m_{FG}}} \, .$$ Gl. A32

In den vorangegangenen Gleichungen taucht die absolute spezifische Enthalpie des flüssigen Brennstoffes $h_{Bst,Liq,abs}$ auf. Sie berechnet sich aus der spezifischen Bildungsenthalpie $\Delta^f h^0_{298,Bst}$ und der Wärmekapazität nach Gleichung A33:

$$h_{Bst,Liq,abs} = \Delta^f h^0_{298,Bst} + \int_{298.15}^{T} c_{Bst} \, d\tilde{T} \, .$$ Gl. A33

Die spezifische Bildungsenthalpie $\Delta^f h^0_{298,Bst}$ lässt sich nach der Hess'schen Regel aus der Molmasse des Brennstoffes und der molaren Reaktionsenthalpie nach [4.12] berechnen. Die molare Reaktionsenthalpie ergibt sich aus dem Heizwert des Brennstoffes. Einen Ansatz für die spezifische Wärmekapazität des flüssigen Brennstoffes c_{Bst} findet man in Anhang C dieser Arbeit.

A.3 Berechnung der Abgastemperatur

Im Punkt 4, siehe **Abbildung 4.3-2**, ist der Hochdruckprozess beendet. Hier öffnet das Auslassventil und der Zylinderinhalt entspannt sich auf den Druck p_5. Das ist der Gaodruck vor der Abgasturbine, im p-V-Diagramm des Hochdruckprozesses nicht dargestellt. Anschließend wird das Gas gegen diesen Druck aus dem Zylinder ausgeschoben.

Zur Berechnung wird wieder der erste Hauptsatz der Thermodynamik auf die in **Abbildung A-1** dargestellte Systemgrenze angewendet. Für die Änderung der inneren Energie ΔU_{ASG} innerhalb dieser Systemgrenze während des Auslassvorganges gilt:

$$\Delta U_{ASG} = W_{ASG} + \int_{t_1}^{t_2} h_5 \cdot \dot{m}_{ASG} dt . \qquad \text{Gl. A34}$$

Darin ist W_{ASG} die Ausschubarbeit, die der Kolben an der Systemgrenze verrichtet. Das Intergral in Gleichung A34 beschreibt den Enthalpiestrom, der während des Ausschubzyklusses die Systemgrenze über die Turbine verlässt.

Der Ausgleichsbehälter in **Abbildung A-1** wird stationär entleert und instationär befüllt. Er sei so bemessen, dass sich stationäre Zustandsgrößen für Druck und Temperatur in ihm einstellen. In diesem Fall kann die spezifische Enthalpie h_5, die eine Funktion der Temperatur ist, vor das Integral gezogen werden, siehe Gleichung A35

$$\int_{t_1}^{t_2} h_5 \cdot \dot{m}_{ASG} dt = \Delta m_5 \cdot h_5 = (m_{4'} - m_4) \cdot h_5 . \qquad \text{Gl. A35}$$

Die Größen m_4 und $m_{4'}$ sind die Gasmassen im Zylinder vor dem Öffnen der Auslassventile und nach dem Ende des Ausschubhubes, ihre Differenz wird hier mit Δm_5 bezeichnet. Die Größe v_4 und $v_{4'}$ sind die entsprechenden spezifischen Volumina.

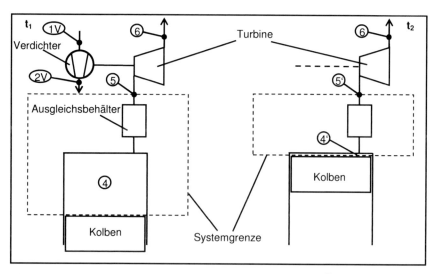

Abbildung A-1: *Ausschubvorgang schematisch: links vor dem Öffnen des Auslass-ventils, Zeitpunkt t_1, rechts am Ende des Ausschubvorganges, Zeit-punkt t_2*

Die innere Energie des Systems setzt sich zum Zeitpunkt t_1 aus den beiden inneren Teilenergien $m_4 u_4$ und $m_5 u_5$, sowie zum Zeitpunkt t_2 aus $m_{4'} u_{4'}$ und $m_{5'} u_{5'}$ zusammen. Da der Zustand 5, das ist der Gaszustand vor der Abgasturbine, als stationär ange-nommen wird, ist die zum Zeitpunkt t_2 im Ausgleichsbehälter befindliche Masse $m_{5'}$ gleich der Masse m_5. Ebenso gilt für die spezifischen inneren Energien, $u_{5'}$ gleich u_5. Da nach Ausschubende die Gaszustände innerhalb der Systemgrenzen einheitlich sind, gilt weiterhin $u_{4'}$ gleich u_5 und $v_{4'}$ gleich v_5. Somit erhält man für die Differenz der inneren Energie:

$$\Delta U_{ASG} = \left(m_{4'} \cdot \underbrace{u_{4'}}_{=u_5} + \underbrace{m_{5'}}_{=const=m_5} \cdot \underbrace{u_{5'}}_{=u_5} \right)\Bigg|_{t_2} - \left(m_4 \cdot u_4 + m_5 \cdot u_5 \right)\Big|_{t_1} \quad \Rightarrow$$

$$\Delta U_{ASG} = m_{4'} \cdot u_5 - m_4 \cdot u_4 \,. \hspace{3cm} \text{Gl. A36}$$

Die Ausschubarbeit berechnet sich schließlich zu:

$$W_{ASG} = \left(m_4 \cdot v_4 - m_{4'} \cdot v_{4'} \right) \cdot p_5 \,. \hspace{2.5cm} \text{Gl. A37}$$

Einsetzen von Gleichung A35 bis A37 in A34 führt unter Verwendung der Definitionsgleichung für die spezifische Enthalpie [4.1] dann zu Gleichung A38:

$$m_4 \cdot v_4 \cdot p_5 - m_{4'} \cdot v_5 \cdot p_5 = h_5 \cdot (m_4 - m_{4'}) + m_{4'} \cdot (h_5 - v_5 \cdot p_5) - m_4 \cdot u_4 \implies$$
$$h_5 = u_4 + p_5 v_4 .$$

Gl. A38

Dieses Ergebnis deckt sich mit dem in [4.1], bei dem von vornherein vollständige Restgasausspülung angenommen wurde. Die Temperatur T_5 ergibt sich dann aus dem umgekehrten Funktionszusammenhang der spezifischen Enthalpie $h_5 = f(T_5, \lambda_4)$. Die Temperatur T_5 wird mittels linearer Interpolation aus den Enthalpiedaten h_5 der numerischen Stoffwertberechnung im Rahmen der Prozessrechnung durchgeführt.

Anhang B

Versuchsmotor und Messtechnik

Beim Versuchmotor handelt es sich um einen 4 Zylinder Dieselmotor mit Direktein-spritzung und 2 Liter Hubraum. Der Motor ist eine Entwicklung des Volkswagen Kon-zerns für Niedrigemissionskonzepte. Er ist mit Abgasturboaufladung mit variabler Turbinengeometrie, sowie Hoch- und Niederdruck Abgasrückführung ausgerüstet, siehe **Abbildung B-1**.

Weiterhin verfügt der Motor über einen motornahen Dieselpartikelfilter mit vorge-schaltetem Oxidationskatalysator, sowie einem NO_x-Speicherkatalysator mit nachge-schaltetem Sperrkatalysator.

Er verfügt zusätzlich über eine Drosselklappe vor dem Einlassbehälter und einer wei-tere Drosselklappe im Abgassystem, die in Strömungsrichtung nach dem NO_x-Speicherkatalysator angeordnet ist. Letztere dient der Differenzdruckerhöhung, um die gewünschten Abgasrückführraten über den Niederdruckpfad einzustellen.

Das rückgeführte Abgas wird über einen Kühler der Frischluft vor dem Verdichter beigemischt. Dies ist nötig, um den Verdichter vor übermäßig hohen Temperaturen zu schützen.

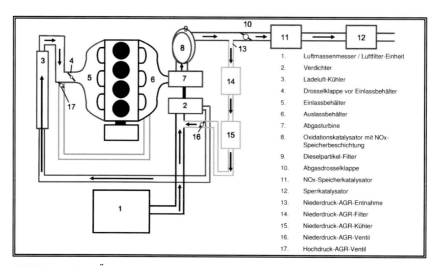

1.	Luftmassenmesser / Luftfilter-Einheit
2.	Verdichter
3.	Ladeluft-Kühler
4.	Drosselklappe vor Einlassbehälter
5.	Einlassbehälter
6.	Auslassbehälter
7.	Abgasturbine
8.	Oxidationskatalysator mit NOx-Speicherbeschichtung
9.	Dieselpartikel-Filter
10.	Abgasdrosselklappe
11.	NOx-Speicherkatalysator
12.	Sperrkatalysator
13.	Niederdruck-AGR-Entnahme
14.	Niederdruck-AGR-Filter
15.	Niederdruck-AGR-Kühler
16.	Niederdruck-AGR-Ventil
17.	Hochdruck-AGR-Ventil

Abbildung B-1: Übersichtsbild des Gaspfades am Versuchsmotor.

Um fertigungsbedingte Materialrückstände, die stromabwärts des Partikelfilters im Abgassystem vorhanden sein können, nicht in den Verdichter gelangen zu lassen, ist der Niederdruckpfad mit einem Niederdruck-AGR-Filter ausgestattet. Mit der Frischluft vermischt, durchströmt das Abgas den Ladeluftkühler, der die Hauptkühlwirkung erzielt. Man erhält auf diese Weise sehr gut gekühltes AGR in Kombination mit einer hervorragenden Gleichverteilung unter den Zylindern.

Einspritzseitig verfügt der Motor über ein CRI3-18 Common-Rail-System mit 1800 bar Raildruck und Piezoinjektoren. Injektoren und Motorsteuerung erlauben bis zu sieben Ansteuerungen je Arbeitsspiel.

Die Glühstifte sind als Zylinderdrucksensor ausgeführt. Dies ermöglicht zylinderdruckbasierte Regelstrategien innerhalb der Motorsteuerung. Hierbei handelt es sich um die Motorsteuerung „EDC 17" der Firma Bosch.

Die *Tabelle B-1* gibt eine Übersicht über die technischen Daten des Versuchsmotors. Im Rahmen der in dieser Arbeit durchgeführten Untersuchungen wurde der Motor mit umfangreicher Messtechnik ausgestattet. Auf Zylinder 1 und 3 wurden die serienmäßig verbauten druckerfassenden Glühstifte durch ungekühlte Indizierquarze vom Typ GU 13P der Firma AVL ersetzt.

Tabelle B-1: *Daten des Versuchsmotors.*

Bohrung / mm	81.0
Hub / mm	95.5
Pleuellänge / mm	144
Zylinderanzahl	4
Ventilanzahl	2 Einlass, 2 Auslass
Aufladung	Abgasturbolader mit variabler Turbinen Geometrie
Ladeluftkühlung	Luft-Luft
Abgasrückführung, AGR	Niederdruck, partikelfrei, gekühlt
	Hochdruck, ungekühlt
Einleitung von Hoch-, Niederdruck-AGR	Einlassbehälter, Verdichtereintritt
Verdichtungsverhältnis ε, gemessen	15.8, 16.8, 17.8
Brennverfahren	Omega-Mulde, ein Drallkanal, ein verschließbarer Füllungskanal

Muldendurchmesser, maximal / mm	53.0
Muldendurchmesser, minimal / mm	50.9
Muldentiefe, maximal	
jeweils für ε 15.8, 16.8, 17.8 / mm	13.15, 12.7, 12.25
Drall nach Tippelmann bei maximalem Ventil-	
hub, Füllungskanal geschlossen (offen)	0.36 (0.12)
Injektor	Piezo, 1800 bar
maximale Anzahl der Einspritzereignisse	7
Düsenlochanzahl, Strahlschirmwinkel / °	8, 156
Liefergrad, bezogen auf den Einlasszustand	0.840, 0.851, 0.850, 0.845
für n = {1250, 1750, 2250, 2750} , [n] = 1/min	

Das Signal der piezoelektrischen Zylinderdrucksensoren wurde mit Ladungsverstärkern vom Typ Kistler 5011B aufbereitet.

An der Einspritzleitung von Zylinder 3 wurde ein piezoresistiven Drucksensor vom Typ Kistler 4067A2000 nahe dem Injektor installiert. Das Signal dieses piezoresistiven Einspritzdrucksensors wurde mit einem auf den Sensor abgestimmtem Verstärker vom Typ Kistler 4118A0 aufbereitet.

Der Injektorstrom wurde mittels einer Strommesszange der Firma „Chauvin Arnoux" erfasst.

Zur Aufzeichnung der kurbelwinkelbasierten Messwerte wurde ein Indiset 620, welches mit Indicom 1.4 Software ausgerüstet war, verwendet. Beides sind Produkte der Firma AVL.

Die Abgasrückführraten, kurz AGR-Raten, wurden über eine Sauerstoffbilanz via dreier Breitband-Lambdasonden ermittelt. Davon ist eine im Abgasstrang nach Turbine installiert, eine weitere nach Verdichter und schließlich eine vor Einlassventil. Der Zustand vor Einlassventil und im Einlassbehälter wird gleichgesetzt.

So können die AGR-Massenströme von Hoch- und Niederdruck-AGR separat erfasst werden. Die Messmethode über die Breitband-Lambdasonden bietet Vorteile gegenüber dem Verfahren der verbreiteten CO_2-Analyse. Zum einen muss kein Messgas entnommen werden, da die Breitband-Lambdasonden direkt in dem Gasstrom installiert sind, zum anderen entfällt eine Feuchtekorrektur-Rechnung bevor die CO_2-Messwerte zu einer AGR-Rate verrechnet werden können.

Die auf diese Weise erhaltenen Messwerte sind zum einen die gesamte AGR-Rate Y_{AGR}, siehe Gleichung B1, mit dem über den vor Einlassventil gemessenen Sauerstoffmengenanteil x_{O2}^{EB}. Zum anderen lässt sich die auf die Niederdruck-AGR-Masse beziehende Niederdruck-AGR-Rate $Y_{AGR,Nd}$ mittels Gleichung B2 bestimmen. Hierfür wird der Sauerstoffmengenanteil x_{O2}^{nV} nach Verdichter gemessen.

$$Y_{AGR} = \frac{x_{O2}^{Luft} - x_{O2}^{EB}}{x_{O2}^{Luft} - x_{O2}^{AGR}} \qquad\qquad \text{Gl. B1}$$

$$Y_{AGR,Nd} = \frac{x_{O2}^{Luft} - x_{O2}^{nV}}{x_{O2}^{Luft} - x_{O2}^{AGR}} \qquad\qquad \text{Gl. B2}$$

Streng genommen handelt es sich hierbei um eine stoffmengenbezogene AGR-Rate, die mit den jeweiligen Molmassen in eine massenbezogene AGR-Rate umgerechnet werden müsste. Die Molmassen von AGR und Luft unterscheiden sich nur sehr wenig. Das Verhältnis der Molmasse von trockener Luft und der von stöchiometrischem Abgas beträgt etwa 1.002 und kann daher in guter Näherung gleich 1 gesetzt werden. Deshalb wird hier vereinfachend Gleichheit zwischen stoffmengenbezogener und massenbezogener AGR-Rate gesetzt.

Der Begriff AGR-Rate bezieht sich nur auf die externen Gasmassen. Folgende Gleichungen gelten für die gesamte und die niederdruckseitige AGR-Rate:

$$Y_{AGR} := \frac{m_{AGR}}{m_{AGR} + m_{Luft}}, \qquad\qquad \text{Gl. B3}$$

$$Y_{AGR,Nd} := \frac{m_{AGR,Nd}}{m_{AGR,Nd} + m_{Luft}}. \qquad\qquad \text{Gl. B4}$$

Wird die immer vorhandene interne Abgasrestmasse $m_{RG,intern}$ am Ende des Auschubtaktes im Zylinder mit einbezogen, so wird im Rahmen dieser Arbeit von der Restgasrate Y_{RG} gesprochen, die mit folgender Gleichung berechnet wird:

$$Y_{RG} := \frac{m_{AGR} + m_{RG,intern}}{m_{AGR} + m_{RG,intern} + m_{Luft}}. \qquad\qquad \text{Gl. B5}$$

Zur Auswertung dieser Gleichung muss m_{AGR} aus Gleichung B4 berechnet werden. Die Luftmasse m_{Luft} wird vom Prüfstandssystem über eine Luftmassenmessung, Sensyflow P, der Firma ABB, erfasst.

Die interne Restgasmasse m_{RG} wird über folgende Modellvorstellung berechnet:

Für den Fall, dass im oberen, bzw. nahe dem oberen Totpunkt im Ladungswechsel beide Ventile -Einlass und Auslass- geschlossen sind, gilt für die Temperatur T_{LWOT}:

$$T_{LWOT} = \frac{p_{LWOT} \cdot V_{LWOT}}{R \cdot m_{RG,intern}}.$$
Gl. B6

Es wird angenommen, dass der im Brennraum verbleibende Abgasrest eine Temperatur annimmt, die der isentropen Zustandsänderung vom Auslass-Öffnen bis zur Restgasverdichtung bei Ausschubende entspricht.

Beim Öffnen des Auslassventils strömt eine gewisse Masse aus dem Ventil und der im Zylinder verbliebene Rest entspannt sich näherungsweise isentrop. Anschließend stellt sich das Ausschieben als reiner Verdrängungsprozess dar, wodurch sich im adiabaten Fall die Gaszustände des aktuell im Zylinder befindlichen Gases nicht ändern. Gegen OT erhöht sich der Druck im Zylinder etwas, da aufgrund fehlender Ventilüberschneidung die Gaswechselquerschnitte zum Ladungswechsel OT hin sehr klein werden. Zwischen der Gastemperatur bei Auslass-Öffnet $T_{AÖ}$ und der Gastemperatur im oberen Totpunkt T_{LWOT} besteht daher näherungsweise folgende Isentropen-Beziehung:

$$T_{LWOT} = T_{AÖ} \cdot \left(\frac{p_{LWOT}}{p_{AÖ}}\right)^{\frac{\kappa_{Abgas}-1}{\kappa_{Abgas}}}.$$
Gl. B7

Die Temperatur bei Auslass-Öffnen berechnet sich wie folgt:

$$T_{AÖ} = \frac{p_{AÖ} \cdot V_{AÖ}}{R \cdot m_{AÖ}}.$$
Gl. B8

Für die gesamte Gasmasse im Zylinder bei Auslass-Öffnet $m_{AÖ}$ gilt die folgende Gleichung:

$$m_{AÖ} = m_{AGR} + m_{Bhyd,total} + m_{Luft} + m_{RG,intern}.$$
Gl. B9

Gleichsetzen von Gleichung B6 und B7 führt unter Verwendung der Gleichungen B8 und B9 zu:

$$\frac{p_{LWOT} \cdot V_{LWOT}}{R \cdot m_{RG,intern}} = \frac{p_{A\ddot{O}} \cdot V_{A\ddot{O}}}{R \cdot m_{A\ddot{O}}} \cdot \left(\frac{p_{LWOT}}{p_{A\ddot{O}}}\right)^{\frac{\kappa_{Abgas}-1}{\kappa_{Abgas}}}$$

$$\frac{m_{A\ddot{O}}}{m_{RG,intern}} = \frac{p_{A\ddot{O}} \cdot V_{A\ddot{O}}}{p_{LWOT} \cdot V_{OT}} \cdot \left(\frac{p_{LWOT}}{p_{A\ddot{O}}}\right)^{\frac{\kappa_{Abgas}-1}{\kappa_{Abgas}}}$$

$$\frac{m_{AGR} + m_{Bhyd,total} + m_{Luft} + m_{RG,intern}}{m_{RG,intern}} = \frac{V_{A\ddot{O}}}{V_{OT}} \cdot \left(\frac{p_{OT}}{p_{A\ddot{O}}}\right)^{-1} \cdot \left(\frac{p_{OT}}{p_{A\ddot{O}}}\right)^{\frac{\kappa_{Abgas}-1}{\kappa_{Abgas}}} . \qquad \text{Gl. B10}$$

Auflösen nach $m_{RG,intern}$ liefert schließlich die innere Restgasmasse:

$$m_{RG,intern} = \frac{m_{AGR} + m_{Bhyd,total} + m_{Luft}}{\dfrac{V_{A\ddot{O}}}{V_{LWOT}} \cdot \left(\dfrac{p_{A\ddot{O}}}{p_{LWOT}}\right)^{\frac{1}{\kappa_{Abgas}}} - 1} . \qquad \text{Gl. B11}$$

Die gesamte Brennstoffmasse $m_{Bhyd,total}$ wird am Motorprüfstand über eine Brenn-stoffwaage nach dem Coriolis-Messprinzip gemessen.

Einen geeigneten Wert für den Isentropenexponenten κ_{Abgas} in Gleichung B11 erhält man aus der Stoffdatenberechnung gemäß Kapitel 4 in Abhängigkeit der Größen $T_{A\ddot{O}}$ und λ_{VGZyl}.

Zur Abgasanalyse dienten zwei Abgasmessanlagen vom Typ Mexa 7000 der Firma Horiba. Die Entnahmestelle 1 befindet sich stets nach Abgasturbine, Position 7 in *Abbildung B-1* zur Erfassung der Rohemissionen. Die Entnahmestelle 2 wird wahl-weise nach Partikelfilter, Position 9 in *Abbildung B-1,* nach dem NO_x-Speicherkatalysator Position 11 in *Abbildung B-1* oder nach dem Sperrkatalysator, Position 12 in *Abbildung B-1* installiert.

Anhang C

Das Brennstoffmodell

Das Brennstoffmodell wird für die Anwendung des in Kapitel 6 vorgestellten Spray-modells benötigt. Es liefert thermodynamische Größen für den Brennstoff wie Dichte, Dampfdruckverläufe, Enthalpie und Wärmekapazitäten für den flüssigen und gasför-migen Zustand. Ausgangspunkt für die Modellierung der Brennstoffeigenschaften sind die Siedekur-ven der hier verwendeten Brennstoffe, wie dies *Abbildung C-1* zeigt

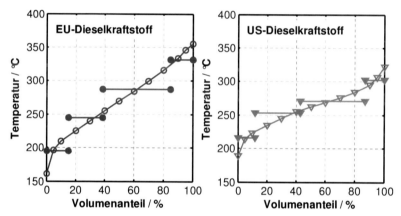

Abbildung C-1: *Siedekurvenvergleich von Europa-Dieselkraftstoff (links) und US-Dieselkraftstoff (rechts), sowie deren 4-Komponenten-Approximation (waagerechte Stufen).*

Um die Brennstoffe über eine Ein-Fluid-Approximation nachzubilden, wird die Siede-kurve in vier Abschnitte unterteilt. Jeder Abschnitt wird durch einen Er-satz-Kohlenwasserstoff repräsentiert. Auswahl und Stoffmengenanteile dieser vier Ersatz-Kohlenwasserstoffe werden so bestimmt, dass sich hinsichtlich Dichte, Mol-masse und mittlerer Siedetemperatur eine möglichst gute Übereinstimmung mit den realen Brennstoffeigenschaften ergibt. Folgende, in *Tabelle C-1* aufgeführte, Koh-lenwasserstoffe dienen der Nachbildung des realen Dieselkraftstoffs. Die in dieser Tabelle enthaltenen Anteile stellen ein Optimum der Übereinstimmung dar. Die oben genannten Kriterien sind in *Tabelle C-2* herausgestellt. In *Tabelle C-3* sind die Ana-lysedaten von in Europa erhältlichem Dieselkraftstoff, sowie für US-Staaten typischen Dieselkraftstoffs gegenübergestellt. Es zeigt sich eine gute Übereinstimmung bezüglich dieser charakteristischen Werte zwischen Real- und Modellkraftstoff. Im Folgenden wird der Europakraftstoff als EUDK und der US-typische Kraftstoff als USDK bezeichnet. Da dieses Modell in erster Linie dem thermodynamischen Strahl-modell und der Verdampfungsraten-Berechnung dient, wurde hier der Fokus auf die physikalischen und nicht auf die chemischen Eigenschaften gelegt. Die Stoffmengen- und Massenanteile spielen für die Berechnung zahlreicher Größen eine entschei-dende Rolle.

Tabelle C-1: *Volumen-, Stoffmengen- und Massenanteile der verwendeten Kom-ponenten zur Nachbildung des jeweiligen Brennstoffes. Reihenfol-ge: Volumen- / Stoffmengen- / Massenanteil.*

Bezeichnung	Nachbildung EUDK	Nachbildung USDK
a-Methylnaphthalin, $C_{11}H_{10}$	0.24 / 0.39 / 0.30	0.31 / 0.47 / 0.37
Undecan, $C_{11}H_{24}$	0.15 / 0.16 / 0.13	0.0
Dodecan, $C_{12}H_{26}$	0.0	0.12 / 0.11 / 0.11
Pentadecan, $C_{15}H_{32}$	0.0	0.44 / 0.33 / 0.40
Hexadecan, $C_{16}H_{34}$	0.46 / 0.35 / 0.43	0.0
Heptadecan, $C_{17}H_{36}$	0.0	0.13 / 0.09 / 0.12
Nonadecan, $C_{19}H_{40}$	0.15 / 0.10 / 0.14	0.0

Tabelle C-2: *Charakteristische Eigenschaften der Ein-Fluid-Approximation.*

Bezeichnung	Approximation EUDK	Approximation USDK
Molmasse / (kg/kmol)	186.7	177.4
Dichte bei 50 °C / (kg/m^3)	809	825
linearer Mittelwert der Siedelinie / °C	269.7	259.8

Von besonderem Interesse sind:

- die Dampfdruckkurve
- die spezifische Verdampfungsenthalpie
- die spezifische Wärmekapazität von Gasphase und flüssiger Phase
- die spezifischen Enthalpien von Gasphase und flüssiger Phase
- die Dichte des flüssigen Brennstoffes

Tabelle C-3: *Analysedaten von realen Dieselkraftstoffen.*

	EU-Dieselkraftstoff (Laboranalyse)	US-Diesel, USDK (Laboranalyse)
mittlere Bruttoformel	$C_{13.5} H_{25.2} O_{0.06}$	$C_{13.4} H_{24.9}$
H/C-Verhältnis	1.87	1.86
O/C-Verhältnis	0.005	0.0
o_{min} / **(kgO/kgBst)**	3.35	3.38
l_{min} / **(kgLuft/kgBst)**	14.49	14.59
H_u / **(MJ/kg)**	42.97	42.72
Molmasse / (kg/kmol)	189	186
Cetanzahl$_{BASF-Motor}$	ca. 54	ca. 43
Dichte bei 15 °C / (kg/m^3)	835	855
Dichte bei 50 °C / (kg/m^3)	812	828
linearer Mittelwert der Siedelinie / °C	269.5	259.8

Die Dampfdruckkurve

Nach dem Raoultschen Gesetz für ideale Lösungen ist der Stoffmengenanteil x''_k in der Dampfphase einer Komponente k innerhalb eines Mehrkomponenten-Dampf-Flüssigkeits-Gemisches gleich dem Produkt aus dem Stoffmengenanteil x'_k in der flüssigen Phase und dem Verhältnis von Dampfdruck $p_{Vap,k}$ und Gesamtdruck p [6.3], siehe Gleichung C1:

$$x''_k = x'_k \cdot \frac{p_{Vap,k}(T)}{p} .$$

Gl. C1

Umformung liefert:

$$x''_k \cdot p = x'_k \cdot p_{Vap,k}(T) .$$

Gl. C2

Die linke Seite von Gleichung C2 ist der Partialdruck p''_k der Komponente k in der Dampfphase. Summation über alle K Komponenten liefert den Gesamtdruck, der hier dem gesuchten Dampfdruck p_{Vap} entspricht:

$$p_{Vap} = \sum_{k=1}^{K} p_k'' = \sum_{k=1}^{K} x_k' \cdot p_{Vap,k}(T).$$ Gl. C3

Für Punkte auf der Siedelinie eines Mehrkomponenten-Gemisches entspricht der Stoffmengenanteil der flüssigen Phase x_k' dem Stoffmengenanteil x_k des gesamten Gemisches. Damit wird aus Gleichung C-3 schließlich:

$$p_{Bst,Vap} = \sum_{k=1}^{K} x_k \cdot p_{Vap,k}(T).$$ Gl. C4

Die Dampfdrücke der Einzelkomponenten werden mittels der sogenannten Wagner-Gleichung [6.4] berechnet und in einem analogen Ansatz zusammengefasst, nach [6.4] gilt:

$$\ln\left(\frac{p_{Vap,k}}{p_{c,k}}\right) = \frac{\left(b_{k1} \cdot \tau_k + b_{k2} \cdot \tau_k^{1.5} + b_{k3} \cdot \tau_k^{2.5} + b_{k4} \cdot \tau_k^{5}\right)}{T_{r,k}}.$$ Gl. C5

mit:

$$T_{r,k} = \frac{T}{T_{c,k}} \quad \text{und} \quad \tau_k = 1 - T_{r,k}.$$ Gl. C6 und C7

Hierin sind $p_{c,k}$ und $T_{c,k}$ der kritische Druck und die kritische Temperatur. $T_{r,k}$ ist die relative kritische Temperatur. Die Koeffizienten b_{1k} bis b_{4k} für die Modellbrennstoffkomponenten nach **Tabelle C-1** wurden [6.4] entnommen. Die Berechnungsergebnisse werden in einem Satz von Koeffizienten, b_1 bis b_5, für ein Polynom 5. Grades für τ_{Bst} zusammengefasst. Gleichung C8 ermöglicht so die Berechnung des Dampfdruckes:

$$\ln\left(\frac{p_{Bst,Vap}}{p_{c,Bst}}\right) = \frac{\left(b_0 + b_1\tau_{Bst} + b_2\tau_{Bst}^2 + b_3\tau_{Bst}^3 + b_4\tau_{Bst}^4 + b_5\tau_{Bst}^5\right)}{T_{r,Bst}}.$$ Gl. C8

Analog zu Gleichung C6 und C7 ist $T_{r,Bst}$ die mit der kritischen Temperatur des Brennstoffs $T_{c,Bst}$ gebildete Relativtemperatur und τ der relative Abstand zur kritischen Temperatur.

Dampfdruckkurven beginnen im Tripelpunkt und enden im kritischen Punkt, d.h. der Maximalwert einer Dampfdruckkurve ist der kritische Druck. Bei der Berechnung wird daher die Dampfdruckkurve jeder Komponente k auf ihren kritischen Druck begrenzt. **Abbildung C-2** zeigt die Einzelbeiträge aufgrund von Dampfdruck und Stoffmengenanteil.

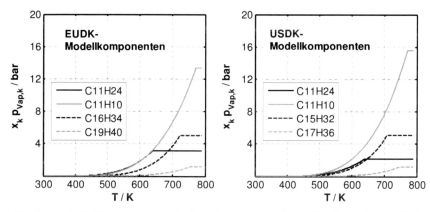

Abbildung C-2: *Einzelkomponentenbeiträge zum Dampfdruck, siehe Gleichung C4.*

Führt man die Summation nach Gleichung C4 durch, erhält man die resultierende Dampfdruckkurve. Der auf diese Weise neu entstehende Endpunkt bzw. Eckpunkt markiert die kritischen Zustandsgrößen für Druck und Temperatur des Modellbrennstoffs. Man erhält so die resultierende Dampfdruckkurve, siehe **Abbildung C-3**.

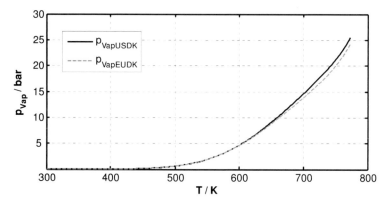

Abbildung C-3: *Resultierende Dampfdruckkurven für EU-und US-Dieselkraftstoff.*

Mittels der Koeffizienten b_0 bis b_5, sowie der kritischen Zustandsgrößen $p_{c,Bst}$, $T_{c,Bst}$ für die resultierende Dampfdruckkurve lässt sich der Dampfdruck für den jeweiligen Brennstoff berechnen. Die Dampfdruckkurve endet im kritischen Punkt. Dieser Umstand wird bei der Berechnung über Gleichung C8 dadurch berücksichtigt, dass die Größe τ_{Bst} nicht negativ werden darf. Der maximale Dampfdruck entspricht daher dem kritischen Druck.

Die Brennstoffenthalpie

Die Wärmekapazitäten und die spezifischen Enthalpien werden für die Gasphase nach den Gesetzmäßigkeiten für ideale Gasgemische berechnet. Die Stoffdaten für diese Berechnungen erhält man wiederum aus den NASA-Polynomen [4.6]. Für die flüssige Phase wird die Wärmekapazität der Einzelkomponenten nach dem Prinzip der korrespondierenden Zustände ermittelt.

Die Ergebnisse dieser Berechnungen lassen sich ebenfalls in Form von Polynomkoeffizienten darstellen. Somit ergibt sich für die Gasphase des Brennstoffs die Gleichung C9:

$$c_{p,Bst}^0 = b_{cp0} + b_{cp1}T + b_{cp2} \cdot T^2 + b_{cp3}T^3 + b_{cp4}T^4 \, . \qquad \text{Gl. C9}$$

und für die flüssige Phase des Brennstoffes die Gleichung C10:

$$c_{Bst} = b_{c0} + b_{c1}T + b_{c2}T^2 + b_{c3} \cdot T^3 + b_{c4}T^4 \, . \qquad \text{Gl. C10}$$

Die spezifischen relativen Enthalpien von flüssigem und gasförmigem Brennstoff, bezogen auf den Zustand bei T_0, ergeben sich durch Integration zwischen T_0 und der beliebigen Temperatur T aus den Gleichungen C9 und C10. Siehe hierzu die Gleichungen C11 bis C13. T_0 ist im Allgemeinen die thermochemische Standardtemperatur von 298.15 K, die auch als Bezugstemperatur für den Heizwert dient. Nach [4.3] hängt die spezifische Enthalpie eines „inkompressiblen Fluids" neben der Temperatur auch vom Druck ab. Der Druck p_0 ist der Bezugsdruck, im Allgemeinen ist $p_0 = 1000$ mbar, der Bezugsdruck des thermochemischen Standardzustandes [4.3].

$$
\begin{aligned}
h_{Bst,Liq} &= h_{Bst,Liq,0} + \int_{T0}^{T} c_{Bst} \, d\tilde{T} + \frac{p - p_0}{\rho_0} \\
&= h_{Bst,Liq,0} + b_{c0}\left(T - T_0\right) + \frac{b_{c1}}{2}\left(T^2 - T_0^2\right) + \frac{b_{c2}}{3}\left(T^3 - T_0^3\right) + \frac{b_{c3}}{4}\left(T^4 - T_0^4\right) \\
&\quad + \frac{b_{c4}}{5}\left(T^5 - T_0^5\right) + \frac{p - p_0}{\rho_0} \qquad \qquad \text{Gl. C11}
\end{aligned}
$$

Da der Brennstoffdampf als ideales Gas behandelt werden soll, ist seine Enthalpie nur von der Temperatur und nicht vom Druck abhängig. Gleichung C13 zeigt analog die spezifische Enthalpie für die Gasphase. Nach [4.1] ist es in der Motor-Prozessrechnung üblich, den Nullpunkt der Enthalpie des gasförmigen Brennstoffes bei der Temperatur T_0 zu null zu setzen, analog zu den relativen Enthalpien der Verbrennungsgasberechnung. Das bedeutet für diesen Anwendungsfall, dass $h_{Bst, Gas, 0}$ gleich null gesetzt wird.

$$h_{Bst,Gas} = h_{Bst,Gas,0} + \int_{T0}^{T} c_{p,Bst}^0 \, d\tilde{T}$$

$$= h_{Bst,Gas,0} + b_{cp0}(T - T_0) + \frac{b_{cp1}}{2}(T^2 - T_0^2) + \frac{b_{cp2}}{3}(T^3 - T_0^3)$$

$$+ \frac{b_{cp3}}{4}(T^4 - T_0^4) + \frac{b_{cp4}}{5}(T^5 - T_0^5) \qquad \text{Gl. C12}$$

Bildet man die Enthalpie-Differenz zwischen der Gasphase und der flüssigen Phase im Bezugszustand p_0 und T_0, so werden die Integrale und der Druckterm in den Gleichungen C11 und C12 zu null. Die Differenz der beiden Bezugsenthalpien ist dabei die spezifische Verdampfungsenthalpie $r_{Bst,0}$ bei der Temperatur T_0 und dem Druck p_0, siehe Gleichung C13.

$$r_{Bst,0} = h_{Bst,Gas,0} - h_{Bst,Liq,0} \qquad \text{Gl. C13}$$

Durch das Nullsetzten der Enthalpie im Bezugszustand für die Gasphase ist die Bezugsenthalpie für die flüssige Phase $h_{Bst,Liq,0}$ identisch mit der negativen Verdampfungsenthalpie. Die Enthalpie der flüssigen Phase lässt sich daher auch wie folgt schreiben:

$$h_{Bst,Liq} = \int_{T0}^{T} c_{Bst} \, d\tilde{T} + \frac{p - p_0}{\rho_0} - r_{Bst,0} \; . \qquad \text{Gl. C14}$$

Die Synchronisation der beiden relativen spezifischen Brennstoffenthalpien des gasförmigen und des flüssigen Brennstoffs vollzieht sich daher für diese Anwendung über die konstante Verdampfungsenthalpie $r_{0,Bst}$. Die spezifische Verdampfungsenthalpie $r_{0,Bst}$ bei der Bezugstemperatur T_0 wird nach Gleichung C15 über die Massenanteile Y'_k der Einzelkomponenten berechnet [6.5]:

$$r_{0,Bst} = \sum_{k=1}^{K} Y'_k \, r_{0k} \; . \qquad \text{Gl. C15}$$

Die Mischungsbruchverteilung im Einspritzstrahl

Bei der Verteilung des Mischungsbruches über dem Strahlquerschnitt wird von der Verteilungsfunktion des Brennstoff-Umgebungsgas-Verhältnisses f_{loc} nach [5.5] ausgegangen, siehe folgende Gleichung:

$$f_{loc}(x,\xi) = \hat{f}(x) \cdot \left(1 - \xi^{1.5}\right).$$

Gl. C16

Hierbei ist f_{loc} das lokale Brennstoff-Umgebungsgas-Verhältnis, $\hat{f}(x)$ der Wert auf der Strahlachse und ξ der relative Strahlradius. Der relative Strahlradius ist das Verhältnis vom betrachteten Strahlradius r_S zu dem bei der Position x gegebenen maximalen Strahlradius $r_{S,max}$, siehe auch Gleichungsblock C19.

Ist f der Querschnittsmittelwert des Brennstoff-Umgebungsgas-Verhältnisses im Einspritzstrahl, so besteht zwischen den beiden Mittelwerten f und Z_S die Beziehung:

$$f = \frac{m_{Bst}}{m_{AmbGas}} \Rightarrow f(x) = \frac{Z_S(x)}{1 - Z_S(x)} \Rightarrow Z_S(x) = \frac{f(x)}{1 + f(x)}.$$

Gl. C17

Diese Zusammenhänge gelten nicht nur für die Mittelwerte, sondern auch für die lokalen Größen $\hat{f}$ und $\hat{Z}_S$ bzw. f_{loc} und $Z_{S,loc}$:

$$\hat{f} = \frac{\hat{Z}_S(x)}{1 - \hat{Z}_S(x)} \quad und \quad f_{loc}(x,\xi) = \frac{Z_{S,loc}(x,\xi)}{1 - Z_{S,loc}(x,\xi)}.$$

Gl. C18

Im Folgenden wird eine Beziehung zwischen dem Mittelwert f und dem Maximalwert auf der Strahlachse $\hat{f}$ hergeleitet:

$$\xi = \frac{r_S}{r_{S,max}} \Rightarrow d\xi = \frac{dr_S}{r_{S,max}} \Rightarrow dr_S = r_{S,max} \cdot d\xi$$

$$f = \frac{2}{r_{S,max}^2} \cdot \int_0^1 f_{loc}(x,\xi) \cdot r_{S,max} \cdot \xi \cdot r_{S,max} \cdot d\xi$$

$$f = 2 \cdot \int_0^1 f_{loc}(x,\xi) \cdot \xi \cdot d\xi \quad mit \quad f_{loc}(x,\xi) = \hat{f}(x) \cdot \left(1 - \xi^{1.5}\right)$$

$$f = 2 \cdot \hat{f}(x) \cdot \int_0^1 \left(1 - \xi^{1.5}\right) \cdot \xi \cdot d\xi = 2 \cdot \hat{f}(x) \cdot \int_0^1 \left(\xi - \xi^{2.5}\right) \cdot d\xi = 2 \cdot \hat{f}(x) \cdot \left[\frac{1}{2}\xi^2 - \frac{1}{3.5}\xi^{3.5}\right]_0^1$$

$$f = 2 \cdot \hat{f}(x) \cdot \left[\frac{1}{2} - \frac{1}{3.5}\right] = \hat{f}(x) \cdot \left[1 - \frac{2}{3.5}\right] = \hat{f}(x) \cdot \left[1 - \frac{4}{7}\right] = \frac{3}{7} \cdot \hat{f}(x).$$

Gl. C19

setzt man in das Ergebnis des Gleichungsblocks C19 die Beziehungen C17 und C18 ein, so ergibt sich der folgende Ausdruck:

$$\frac{Z_S(x)}{1-Z_S(x)} = \frac{3}{7}\frac{\hat{Z}_S(x)}{1-\hat{Z}_S(x)} \, . \qquad \text{Gl. C20}$$

Nach Umformung gewinnt man eine Beziehung zwischen dem Strahl-Mittelwert des Mischungsbruches Z_S und Maximalwert auf der Strahlachse $\hat{Z}_S$:

$$\hat{Z}_S(x) = \frac{7 \cdot Z_S(x)}{4 \cdot Z_S(x)+3} \, . \qquad \text{Gl. C21}$$

Aus der Ausgangsgleichung C15 gewinnt man folgende Beziehung zwischen dem lokalen Mischungsbruch $Z_{S,loc}$ und dem Maximalwert auf der Strahlachse $\hat{Z}_S$:

$$\frac{Z_{S,loc}(x,\xi)}{1-Z_{S,loc}(x,\xi)} = \frac{\hat{Z}_S(x)}{1-\hat{Z}_S(x)}\left(1-\xi^{1.5}\right). \qquad \text{Gl. C22}$$

Umstellen liefert die gesuchte Beziehung für die Mischungsbruchverteilung im Einspritzstrahl:

$$Z_{S,loc}(x,\xi) = \frac{\hat{Z}_S(x)\left(1-\xi^{1.5}\right)}{1-\hat{Z}_S(x)\xi^{1.5}} \, . \qquad \text{Gl. C23}$$

Um den Strahlquerschnitt in den Bereich einer Einphasenströmung und einer Zweiphasenströmung zu unterteilen, wird der lokale Mischungsbruch Z_{loc} gleich dem Taupunkt-Mischungsbruch Z_{TP}, siehe auch Kapitel 6.1 und 6.2, gesetzt. Der relative Radius der sich hieraus ergibt, wird mit ξ_{TP} bezeichnet. Die Größe $Z_{S,TP}$ ist nur von den Randbedingungen abhängig:

$$Z_{S,TP} = Z_{S,loc}(x,\xi_{TP}) \, . \qquad \text{Gl. C24}$$

Einsetzen von Gleichung C23 in Gleichung C24 liefert nach Auflösen die Größe ξ_{TP}. Dies ist der relative Radius bis zu dem noch eine Zweiphasenströmung besteht:

$$\xi_{TP} = \left(\frac{1-\dfrac{Z_{S,TP}}{\hat{Z}_S(x)}}{1-Z_{S,TP}} \right)^{\frac{2}{3}} \, . \qquad \text{Gl. C25}$$

Die Brennstoffverdampfung

Hauptverdampfung

Die Verdampfungsrate bei laufender Einspritzung ergibt sich aus der Bilanz der Ausdehnung der flüssigen Phase im Einspritzstrahl: Die bis zum Zeitpunkt t verdampfte
Brennstoffmasse $m_{S,BstVerd}(t)$ je Einspritzstrahl, berechnet sich als Differenz von eingespritzter $m_{S,Bst}(t)$ und aktuell vorliegender Brennstoffmasse in flüssiger Phase
$m_{S,Liq}$, siehe **Abbildung C4**. Zum Zeitpunkt t erstreckt sich die flüssige Phase bis zur
Ortsmarke a. Zum Zeitpunkt t + dt erstreckt sich die flüssige Phase bis zur Ortsmarke
b. Als Gleichung formuliert ergibt sich so der folgende Zusammenhang:

$$m_{S,BstVerd}(t) = m_{S,Bst}(t) - m_{S,Liq}(t) = \dot{m}_{S,Bst}(t) - \left[\int_0^a A_{S,Liq}(x) \cdot \rho_{Liq}(x)dx \right]_t .$$ Gl. C26

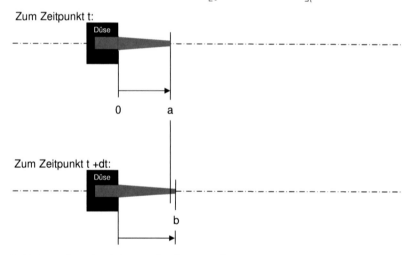

Abbildung C-4: *Ausdehnung der flüssigen Phase im Einspritzstrahl zum Zeitpunkt t
und t + dt.*

$A_{S,Liq}(x)$ ist dabei die lokale Querschnittsfläche der flüssigen Phase und $\rho_{Liq}(x)$ die
zugehörige Dichte der flüssigen Phase.

Betrachtet man die Situation zu einem infinitesimal späteren Zeitpunkt t + dt, so hat
sich die Brennstoffmasse je Einspritzstrahl um $dm_{S,Bst}$ erhöht. Die flüssige Phase erstreckt sich nun bis zu Ortsmarke b, siehe **Abbildung C4**. Als Gleichung formuliert
ergibt sich:

$$m_{S,BstVerd}(t) + dm_{S,BstVerd} = m_{S,Bst}(t) + dm_{S,Bst} - \left[\int_0^b A_{S,Liq}(x)\rho_{Liq}(x)dx \right]_{t+dt}$$

$$= m_{S,Bst}(t) + dm_{S,Bst} - \left[\int_0^a A_{S,Liq}(x)\rho_{Liq}(x)dx \right]_{t+dt}$$

$$- \left[\int_a^b A_{S,Liq}(x)\rho_{Liq}(x)dx \right]_{t+dt} . \qquad \text{Gl. C27}$$

Bildet man die Differenz zwischen Gleichung C27 und C26, so erhält man einen Ausdruck für den differenziellen Zuwachs der verdampften Brennstoffmasse:

$$dm_{S,BstVerd} = dm_{S,Bst} - \left[\int_0^a A_{S,Liq}(x)\rho_{Liq}(x)dx \right]_{t+dt} - \left[\int_a^b A_{S,Liq}(x)\rho_{Liq}(x)dx \right]_{t+dt}$$

$$+ \left[\int_0^a A_{S,Liq}(x)\rho_{Liq}(x)dx \right]_t . \qquad \text{Gl. C28}$$

Da sich die Ortsmarke a zum Zeitpunkt t + dt bereits in dem Abschnitt befindet, der stationär bleibt, sind die Integrale, die sich von null bis a erstrecken zum Zeitpunkt t und zum Zeitpunkt t + dt gleich. Sie kürzen sich daher in Gleichung C28 heraus.

Das Integral, das sich von a bis b erstreckt, lässt sich wie folgt entsprechend umformen:

$$\left[\int_a^b A_{S,Liq}(x)\rho_{Liq}(x)dx \right]_{t+dt} = \left[\int_a^{a+dx} A_{S,Liq}(x)\rho_{Liq}(x)dx \right]_{t+dt} = \left[A_{S,Liq}(a)\rho_{Liq}(a)dx \right]_{t+dt}$$

$$= \left[A_{S,Liq}(a)\rho_{Liq}(a)dx \right]_t$$

$$= A_{S,Liq}(x_{Spray}(t))\rho_{Liq}(x_{Spray}(t))dx_{Spray}$$

$$= A_{S,Liq}(x_{Spray}(t))\rho_{Liq}(x_{Spray}(t))v_S dt . \qquad \text{Gl. C29}$$

Setzt man dieses Ergebnis in Gleichung C28 ein und bezieht es auf die Zeit, so ergibt sich für die Brennstoffverdampfungsrate je Einspritzstrahl:

$$\dot{m}_{S,BstVerd} = \dot{m}_{S,Bst} - A_{S,Liq}(x_{Spray}(t))\rho_{Liq}(x_{Spray}(t))v_S = \dot{m}_{S,Bst} - \dot{m}_{S,Liq} . \qquad \text{Gl. C30}$$

Nachverdampfung

Nach Abschluss der Einspritzung wird der Impulsstrom augenblicklich zu null gesetzt. Ab diesem Zeitpunkt beginnt sich dann die aktuell vorliegende flüssige Phase aufzulösen, wie es die Strahlkammeraufnahmen zeigen. Daher wird ab diesem Zeitpunkt von der strahlbasierten Verdampfung auf ein von der Tropfenverdampfung abgeleitetes Modell übergegangen. Für die Verdampfungsrate eines Brennstoffstropfens $\dot{m}_{BstVerd,Tr}$ gilt nach [4.13] die Gleichung C31:

$$\dot{m}_{BstVerd,Tr} = \frac{\pi}{4} \rho_{Liq} \lambda_{stVerd} d_{Tr} \, . \qquad \text{Gl. C31}$$

Dabei ist λ_{stVerd} die Verdampfungskonstante für den Einzeltropfen mit dem Durchmesser d_{Tr}. Für einen mittleren Durchmesser d_{Tr10} lässt sich dies ausdrücken als:

$$\dot{m}_{S,BstVerd} = N_{Tr} \frac{\pi}{4} \rho_{Liq} \lambda_{stVerd} d_{Tr10} \, . \qquad \text{Gl. C32}$$

Die Brennstoffverdampfungsrate ist gleich dem negativen Wert der Verminderungsrate der flüssigen Phase, hier auf einen einzelnen Strahlbereich bezogen:

$$\dot{m}_{S,BstVerd} = -\frac{dm_{S,Liq}}{dt} \, . \qquad \text{Gl. C33}$$

Analog zu Gleichung C32 lässt sich die momentan vorhandene Masse der flüssigen Phase über deren volumetrisch gemittelten Durchmesser d_{Tr30} ausdrücken. Hierbei wird für den Tropfen eine Kugelform vorausgesetzt:

$$m_{S,Liq} = N_{Tr} \frac{\pi}{6} \rho_{Liq} d_{Tr30}^3 \, . \qquad \text{Gl. C34}$$

Aus Gleichung C34 folgt für den Durchmesser d_{Tr30}:

$$d_{Tr30} = \sqrt[3]{\frac{m_{S,Liq}}{N_{Tr} \frac{\pi}{6} \rho_{Liq}}} \, . \qquad \text{Gl. C35}$$

Nach [4.13] lässt dich die relative Volumenverteilung f_{VLiq} für ein Tropfenspektrum über eine sogenannte Rosin-Ramler-Verteilung gemäß Gleichung C36 angeben:

$$f_{VLiq} = 1 - \frac{1}{\exp\left[\left[\Gamma\left(1 - \frac{1}{q}\right)\right]^{-q} \cdot \left(\frac{d_{Tr}}{SMD}\right)^q\right]} \, . \qquad \text{Gl. C36}$$

In Gleichung C36 ist q ein Formparameter, der die Breite der Verteilung bestimmt. Große Werte für q liefern eine Verteilung mit kleiner Streuung. Die Größe SMD ist der mittlere Sauterdurchmesser. Er ist definiert über das Verhältnis des gesamten Tropfenvolumens zur gesamten Tropfenoberfläche. Γ ist die aus der Mathematik bekannte Gammafunktion.

Über diese Verteilungsfunktion lassen sich alle charakteristischen mittleren Tropfendurchmesser berechnen. Trägt man auf Basis der Verteilungsfunktion C36 das Durchmesserverhältnis d_{Tr30} / d_{Tr10} über die Parameter q und SMD auf, so ergibt sich das folgende Bild in *Abbildung C-5*. Man erkennt, dass ab einem Formparameter q größer 3.2 das Verhältnis d_{Tr30} / d_{Tr10} nahezu konstant ist und in der Nähe von 1 liegt. Nach [4.13] ändert sich der Parameter q im Laufe der Tropfenverdampfung zu größeren Werten, das bedeutet, das Tropfenspektrum wird im Laufe der Verdampfung einheitlicher.

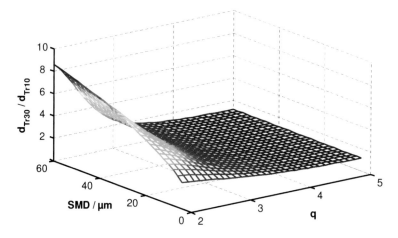

Abbildung C-5: *Tropfendurchmesserverhältnis d_{Tr30} / d_{Tr10} als Funktion vom Formparameter q und dem mittleren Sauterdurchmesser SMD.*

Wenn man nun annimmt, dass die Tropfen, die nach Abschluss der Einspritzung die Masse der flüssigen Phase bilden, bereits eine sehr ähnliche Größe haben, so befindet man sich bereits zu Beginn der Nachverdampfung in dem Bereich, in dem das Durchmesserverhältnis d_{Tr30} / d_{Tr10} als konstant angesehen werden kann.

Mit dieser Annahme kann man den volumetrisch gemittelten Tropfendurchmesser d_{Tr30} über den mittleren Tropfendurchmesser d_{Tr10} ausdrücken:

$$d_{Tr30} = K_{Tr3010} \cdot d_{Tr10} \cdot$$

Gl. C37

Aus Gleichung C32, C33, C35 und C37 lässt sich dann folgende Differentialgleichung für die Masse der flüssigen Phase ableiten:

$$\frac{dm_{S,LiqVerd}}{dt} = -\frac{\lambda_{stVerd}}{K_{Tr3010}} \sqrt[3]{\frac{3\pi^2 \rho_{Liq}^2}{32 \cdot N_{Tr}}} \cdot \sqrt[3]{m_{S,Liq}} \cdot$$

Gl. C38

Das Produkt vor dem Wurzelausdruck für $m_{S,Liq}$ wird zu einer Nachverdampfungskonstante zusammen gefasst:

$$K_{NV} = \frac{\lambda_{stVerd}}{K_{Tr3010}} \sqrt[3]{\frac{3\pi^2 \rho_{Liq}^2}{32 \cdot N_{Tr}}} \cdot$$

Gl. C39

Die Differentialgleichung C38 lässt sich nun durch Trennung der Variablen lösen:

$$m_{S,Liq}(t_{NV}) = \left(m_{S,Liq,tQhyd}^{2/3} - K_{NV} \cdot t_{NV}\right)^{1.5} \cdot$$

Gl. C40

Hierin ist $m_{S,Liq,tQhyd}$ die zum Ende der hydraulischen Einspritzung noch nicht verdampfte Masse der flüssigen Phase. Die Größe t_{NV} ist die Nachverdampfungs-Zeit,
deren Nullpunkt am Ende der Einspritzung liegt. Durch Differentiation ergibt sich die
Verdampfungsrate für den Zeitraum nach Beendigung der hydraulischen Einspritz-
zung:

$$\dot{m}_{S,BstVerd} = \frac{3}{2} K_{NV} \sqrt{m_{S,Liq,tQhyd}^{2/3} - K_{NV} \cdot t_{NV}} \cdot$$

Gl. C41

Die Nachverdampfungskonstante K_{NV} findet man durch Gleichsetzen der Verdampfungsrate aus dem Strahlmodell zum Zeitpunkt t_{Qhyd} am Ende der Einspritzung, siehe
Kapitel 6.2 und der Gleichung C41, wenn hier t_{NV} gleich null gesetzt wird:

$$K_{NV} = \frac{2}{3} \frac{\dot{m}_{S,BstVerd}(t_{Qhyd})}{\sqrt[3]{m_{S,Liq,tQhyd}}} \cdot$$

Gl. C42

Das Zündmodell

In Kapitel 7.1 kommt ein Zündmodell nach [7.1] zum Einsatz. Während der Zündver-zugszeit ändern sich die Gaszustandsgrößen im Zylinder fortlaufend. Um diesen Zu-standsänderungen während der Zündverzugszeit Rechnung zu tragen, wird in der Literatur, z.B. in [4.16], vorgeschlagen das sogenannte Zündintegral zu lösen. Über-schreitet dieses den Wert 1, so ist der Zeitpunkt der thermischen Entflammung er-reicht. Hierzu wird der reziproke Wert der momentanen Zündverzugszeit, die sich aufgrund von Druck, Temperatur und Gaszusammensetzung ergibt, aufintegriert. Der Integrationsvorgang beginnt beim Einspritzbeginn und endet sobald der Integralwert den Wert 1 erreicht. Die momentane Zündverzugszeit kann dabei aus vorab gene-rierten Stationär-Kennfeldern entnommen werden. Als Druck- und Temperaturwert fließt hier in der Regel die mittlere Gastemperatur und der Gasdruck im Zylinder ein.

Im Rahmen dieser Arbeit wird ein anderer Weg gewählt: Den ablaufenden chemi-schen Reaktionen wird eine Druckänderung aufgeprägt, so dass der Zone hierdurch von außen Arbeit zugeführt wird.

Der erste Hauptsatz der Thermodynamik für das Gemischelement GE liefert dann:

$$dQ_{GE} - p_{Zyl}dV_{GE} = dU_{GE}$$
$$dQ_{GE} - p_{Zyl}dV_{GE} = d(m_{GE} \cdot u_{GE}) = u_{GE} \cdot dm_{GE} + m_{GE} \cdot du_{GE} \,. \qquad \text{Gl. C43}$$

Da $dQ_{GE} = 0$ und $dm_{GE} = 0$ sind, vereinfacht sich der erste Hauptsatz unter Einfüh-rung der absoluten spezifischen Enthalpie h_{GE},

$$h_{GE} = u_{GE} + p_{Zyl} \cdot v_{GE} \quad \Rightarrow \quad du_{GE} = dh_{GE} - p_{Zyl}dv_{GE} - v_{GE}dp_{Zyl} \,, \qquad \text{Gl. C44}$$

zu Gleichung C45:

$$dh_{GE} = v_{GE} \cdot dp_{Zyl} \,. \qquad \text{Gl. C45}$$

Unter Verwendung der Massenanteile Y_i und der stoffbezogenen spezifischen Enthalpie $h_{i,GE}$ ergibt sich:

$$d(\sum_{i=1}^{s} Y_i \cdot h_{i,GE}) = v_{GE} \cdot dp_{Zyl} \,. \qquad \text{Gl. C46}$$

Drückt man das spezifische Volumen des Gemischelementes v_{GE} durch das ideale Gasgesetz aus und formt weiter um, so erhält man:

$$\sum_{i=1}^{s} dY_i h_{i,GE} + \sum_{i=1}^{s} Y_i dh_{i,GE} = \frac{R_m \cdot T_{GE}}{M_{GE} \cdot p_{Zyl}} dp_{Zyl} \quad \text{und}$$

$$\sum_{i=1}^{s} dY_i h_{i,GE} + \sum_{i=1}^{s} Y_i c_{p,i}^0 \cdot dT_{GE} = \frac{R_m \cdot T_{GE}}{M_{GE} \cdot p_{Zyl}} dp_{Zyl} .$$

Gl. C47

Im letzteren Ausdruck wurde das Differential der spezifischen Enthalpie $dh_{i,GE}$ des Stoffes i durch die isobare Wärmekapazität $c_{p,i}^0$ beim Standarddruck und das Differential der Temperatur dT_{GE} ausgedrückt.

Auf die Zeit bezogen und umgestellt ergibt sich dann aus Gleichung C47 für den zeitlichen Temperaturgradienten im Gemischelement:

$$\frac{dT_{GE}}{dt} = \frac{\dfrac{R_m}{M_{GE}} \cdot \dfrac{T_{GE}}{p_{Zyl}} \cdot \dfrac{dp_{Zyl}}{dt} - \sum_{i=1}^{s} h_{i,GE} \dfrac{dY_i}{dt}}{\sum_{i=1}^{s} Y_i \cdot c_{p,i}^0} .$$

Gl. C48

Diese Gleichung wird innerhalb der Zündverzugsrechnung mit ausgewertet und aufintegriert. Hierdurch ergibt sich der Temperaturverlauf im betrachteten Gemischelement. Die Massenanteile bzw. deren zeitlichen Gradienten werden vom Zündmodell nach [7.1] geliefert.

Literatur

Kapitel 1

[1.1]   Geringer, B.: Können alternative Kraftstoffe die Mobilität sicherstellen in „Leiperts, A.; Motorische Verbrennung", Tagung im Haus der Technik, März 2009.

[1.2]   Winterkorn, M.; Spiegel, L.; Bohne, P.; Söhlke, G.: Der Lupo FSI® von Volkswagen, Teil 1 und 2, Automobiltechnische Zeitschrift 10/2000 bzw. 11/2000.

[1.3]   Eichelseder, H.; Klüting, M.; Piock, W. F.: Grundlagen und Technologien des Ottomotors; Der Fahrzeugantrieb, Springer-Verlag 2008

Kapitel 2

[2.1]   Merker, G.; Stiesch, G.: Technische Verbrennung, Motorische Verbrennung, Teubner Stuttgart, Leipzig 1999

[2.2]   Flynn, P. F.; Durett, R. P.; Hunter, G. L.; zur Loye, A. O.; Akinyemi, O. C.; Dec, J. E.; Westbrook, C. K.: Diesel Combustion: An Integrated View, Combining Laser Diagnostics, Chemical Kinetics And Emperical Validation, SAE Technical Paper 1999-01-0509

[2.3]   Kahrstedt, J.; Buschmann, G.; Predelli, O.; Kirsten, K.: Homogenes Dieselbrennverfahren für EURO 5 und TIER2/LEV2 -Realisierung der modifizierten Prozessführung durch innovative Hardware- und Steuerungskonzepte-, 25. Internationales Wiener Motorensymposium 2004

[2.4]   Waltner, A.; Lückert, P.; Schaupp, U.; Rau, E.; Kemmler, R.; Weller, R.: Die Zukunftstechnologie des Ottomotors: Strahlgeführte Direkteinspritzung mit Piezo-Injektor; 27. Internationales Wiener Motorensymposium 2006

[2.5]   Langen, P.; Melcher, T.; Missy, S.; Schwarz, C.; Schünemann, E.: Neue BMW Sechs- und Vierzylinder-Ottomotoren mit High Precision Injection und Schichtbrennverfahren; 28. Internationales Wiener Motorensymposium 2007

[2.6]   Sasaki, S.; Kobayashi, N.; Hashimoto, Y.; Tanaka, T.; Hirota, S.: Neues Verbrennungsverfahren für ein Clean Diesel System mit DPNR, Motortechnische Zeitschrift 11/2002

[2.7]   Breitbach, H.; Schommers, J.; Binz, R.; Lindemann, B.; Lingens, A.; Reichel, S.: Brennverfahren und Abgasnachbehandlung im Mercedes-Benz Bluetec-Konzept, Motortechnische Zeitschrift 06/2007

[2.8]   Hadler, J.; Rudolph, F.; Dorenkamp, R.; Stehr, H.; Hilzendeger, J.; Kranzusch, S.: Der neue 2l TDI-Motor von Volkswagen für niedrigste Abgasgrenzwerte – Teil 1 und 2, Motortechnische Zeitschrift 05/2008 und 06/2008

[2.9]   Rohr, F.; Grißtede, I.; Göbel, U.; Müller, W.: Dauerhaltbarkeit von NOx -
           Nachbehandlungssysteme für Dieselmotoren, Motortechnische Zeitschrift
           03/2008

[2.10]   Hertzberg, A.: Betriebsstrategien für einen Ottomotor mit Direkteinsprit-
           zung und NOx-Speicherkatalysator, Dissertation TH Karlsruhe, 2001

[2.11]   Antolini, F.; Beavan, A.; Blakeman, P.; Philips, P.; Twigg, M. V.: Per-
           formance of Advanced Diesel NOx Adsorber Systems, Paper 04A5029, In-
           ternational Symposium Diesel Engine: The NOx & PM Emissions Chal-
           lenge, Oktober 2004 Bari, Italien

[2.12]   Abschlussbericht, FVV; Vorhaben Nr.:730, Thema „NOx-Speicherkataly-
           sator Dieselmotor" 31.03.1999 bis 31.03.2001

[2.13]   Breitbach, H.; Schön, C.; Leyrer, J.: Potential und Grenzen der Abgas-
           nachbehandlung durch NOx-Speicherkatalysatoren, Aachener Kolloqium
           04.-06.Oktober 2005

Kapitel 4

[4.1]   MOpSi: Motordaten Optimierung und Simulation, Version 1.3.0, Internes
           Fahrzyklen Berechnungs- und Simulationsprogramm, IAV GmbH 2006

[4.2]   Pischinger, R.; Klell, M.; Sams, T.: Thermodynamik der Verbrennungs-
           kraftmaschine, Springer Verlag 2002

[4.3]   Pischinger, S.: Verbrennungsmotoren, Vorlesungsumdruck, RWTH Aa-
           chen, 19. Auflage 1998

[4.4]   Baehr, H. D.: Thermodynamik, 7. Auflage, Springer Verlag 1989

[4.5]   Urlaub, A.: Verbrennungsmotoren, Band 2 Verfahrenstheorie, Springer
           Verlag 1989

[4.6]   Heider, G.: Rechenmodell zur Vorausberechnung der NO-Emissionen von
           Dieselmotoren, Dissertation, TU München 1996

[4.7]   Burcat, A.; Ruscic, B.: Third Millennium Ideal Gas and Condensed Phase
           Thermo-chemical Database for Combustion with updates from Active
           Thermochemical Tables, Chemistry Division - Argonne National Labora-
           tory- Argonne, Illinois 2005

[4.8]   Bargende, M.; Berner, H. J.; Chiodi, M.; Grill, M.: Berechnung der ther-
           modynamischen Stoffwerte von Rauchgas und Kraftstoffdampf beliebiger
           Kraftstoffe, Motortechnische Zeitschrift 05/2007

[4.9]   Bronstein, I. N.; Semendjajew, K. A.; Musiol, G.; Mühlig, H.: Taschenbuch
           der Mathematik, Harri-Deutsch-Verlag 1999

[4.10]   Faires, J. D.; Burden, R. L.: Numerische Methoden, Spektrum Akademischer Verlag 1994

[4.11]   Zinner, K.: Aufladung von Verbrennungsmotoren, Springer-Verlag 1985

[4.12]   Warnatz, J.; Maass, U.; Dibble, R. W.: Verbrennung, Springer-Verlag 2003

[4.13]   Lefebvre, A. H.: Atomization and Sprays, Taylor and Francis 1989

[4.14]   Abschlussbericht, Sonderforschungsbereich 224: "Motorische Verbrennung", RWTH-Aachen, 2001

[4.15]   Merker,G.; Schwarz, C.; Stiesch, G.; Otto, F.: Verbrennungsmotoren, Simulation der Verbrennung und Schadstoffbildung, Teubner Verlag 2006

[4.16]   Heywood, J. B.: Internal Combustion Engine Fundamentals, McGraw-Hill, Inc. 1988

[4.17]   Boulouchous, K.; Eberle, M. K.; Schubiger, R. A.: Rußbildung und Oxidation bei der dieselmotorischen Verbrennung, Motortechnische Zeitschrift 05/2002

[4.18]   Siebers, D. L.: Liquid-Phase Fuel Penetration in Diesel Sprays, SAE Technical Paper 980809

Kapitel 5

[5.1]   Prescher, K.; Schmöller, R.; Decker, R.: Einfluß der Kraftstoffhochdruckzerstäubung auf die Verbrennung im Dieselmotor, Motortechnische Zeitschrift 09/1990

[5.2]   Hering, E.; Martin, R.; Stohrer, M.: Physik für Ingenieure, Springer-Verlag 1999

[5.3]   Reif, K., Moderne Dieseleinspritzsysteme, 1. Auflage, Vieweg+Teubner Verlag, 2010

[5.4]   Mollenhauer, K.; Tschöke, H., Handbuch Dieselmotoren, 3. Auflage; Springerverlag 2007

[5.5]   Naber, J. D.; Siebers, D. L.: Effects of Gas Density and Vaporization on Penetration and Dispersation of Diesel Sprays, SAE Technical Paper 960034

[5.6]   Deutsche Shell Aktiengesellschaft: V-Öl 1404, Einspritzpumpenprüföl, typische Kennwerte

[5.7]   Leiperts, A.: Motorische Verbrennung, Aktuelle Probleme und moderne Lösungsansätze (VI. Tagung), Haus der Technik e.V., München 2003

[5.8]   Leonhardt, R.; Warga, J.; Pauer, T.; Boecking F.; Straub, D.: 2000 bar Common Rail System von Bosch für Pkw und leichte Nutzfahrzeuge, 29. Internationales Wiener Motorensymposium 2008.

Kapitel 6

[6.1]   Siebers, D. L.: Scaling Liquid-Phase Fuel Penetration in Diesel Sprays Based on Mixing-Limited Vaporization, SAE Technical Paper 1999-01-0528

[6.2]   Motte, P.; Versaevel, P.; Wieser, K.: A New 3D Model For Vaporizing Diesel Sprays Based on Mixing-Limited Vaporization, SAE Technical Paper 2001-01-0949

[6.3]   Mayinger, F.; Stephan, K.: Thermodynamik 2, Mehrstoffsysteme und chemische Reaktionen, 15. Auflage, Springer Verlag 1999

[6.4]   Poling, B. E.; Prausnitz, J. M.; O'Connel, J. P.: The Properties of Gases and Liquids, 5. Auflage, McGrawHill Verlag 2001

[6.5]   Verein Deutscher Ingenieure: VDI-Wärmeatlas, Springer Verlag 1997

[6.6]   Bargende, M.; Bloch, P.; Boulouchos, K.; Schneider, B.: Optimierte Zusammensetzung synthetischer Kraftstoffe für konventionelle Diesel-Brennverfahren, Motortechnische Zeitschrift 06/2011

Kapitel 7

[7.1]   Zheng, J.; Miller, D. L.; Cernansky, N. P.: A Global Reaction Model for the HCCI Combustion Process, SAE Technical Paper 2004-01-2950

[7.2]   Merker, G.; Stiesch, G.: Technische Verbrennung, Motorische Verbrennung, Teubner Verlag 1999

[7.3]   Vogel, C.: Einfluss von Wandablagerungen auf den Wärmeübergang im Verbrennungsmotor, Dissertation Universität München 1995

[7.4]   Harndorf, H.; Klösel, R.; Volkart, A.: Optimierung der Meß- und Auswerteparameter zur Analyse von Zylinderdruckverläufen, Motortechnische Zeitschrift 53/1992

[7.5]   Naber, J. D.; Siebers, D. L.: Effects of Gas Density and Vaporization on Penetration and Dispersion of Diesel Sprays, SAE Technical Paper 960034

[7.6]   Tang, J.; Leuthel, R.: Belagsbildung in Einspritzdüsen, FVV-Abschlussbericht Heft 869-2008